优雅女人的幸福理财书

武庆新 / 编著

中国商业出版社

图书在版编目(ＣＩＰ)数据

优雅女人的幸福理财书 / 武庆新编著. —北京：中国商业
出版社，2015.3

ISBN 978-7-5044-8910-4

Ⅰ.①优… Ⅱ.①武… Ⅲ.①女性–财务管理–通俗读物
Ⅳ.①TS976.15-49

中国版本图书馆 CIP 数据核字(2015)第 050742 号

责任编辑：孙锦萍

中国商业出版社出版发行

010-63180647　www.c-cbook.com

(100053 北京广安门内报国寺 1 号)

新华书店总店北京发行所经销

北京建泰印刷有限公司印制

★

787×1092毫米　16 开　16.75 印张　250 千字

2015 年 5 月第 1 版　2015 年 5 月第 1 次印刷

定价：30.00 元

★★★★★

(如有印装质量问题可更换)

前　言

　　理财是一种生活方式，它不是什么奢侈的事儿；理财是一种生活态度，它就来自于生活中的点滴细节。女人要想一生都拥有富裕而舒适的生活，就要积极地储备幸福生活的资本。其中，理财就是你奠定幸福生活、成就女性魅力的最佳途径。

　　现代女性，生活在一个以智生财、以财生财的时代，新的社会评判给了她们更为广阔的发展空间和自由度。经济上，她们有实力去实现自己的梦想；精神上，她们追求一个更加完美的自我。不管是拼搏在职场的事业型女性，还是悉心照顾家庭的贤妻良母，她们都懂得以财智经营自己的人生，用理财规划自己的幸福。

　　但是，在愈加激烈的社会竞争中，有些女性抱着"干得好不如嫁得好"的心态，不懂得如何经营自己的生活，丝毫没有理财意识。还有的女性认为"钱只要够花就行，不必挖空心思理财"，其实这样的想法都是不正确的。

　　人生并不是一帆风顺的，一个具备理财意识，善于理财的女性才是独立的女性，才能拥有幸福美满的婚姻和家庭，才能从容应对家庭和生活问题。

当今的女性应该明白：理财是女人生活的必需品，懂得理财的女人才懂得如何生活，才懂得如何给自己、给家庭、给亲人最好的爱与呵护。

聪明的女人应该是一个不断学习，靠理财经营生活的时尚女性，一个既懂得精打细算，又懂得好好享受生活的魅力女性。投资财富也投资人生，投资自己也能帮助丈夫和家庭做好生活规划，掌控好家庭财务规划的方向盘，这样你就能成就自身的幸福，就能保证生活质量、提升生活品质。

本书立足于女性朋友的幸福以及生活的富足和美好，全方位地打造女性朋友的理财生活，同时结合当下多种多样的理财工具和理财产品，为女性朋友提供切实的指导和理财建议，对女性朋友理财具有很好的指导意义和实用价值。

翻开本书，拿起理财的武器，让你成为一个名符其实的"财女"，让你拥有幸福优雅的人生。

目　录

第一章　聚沙成塔，理财是女人生活的主打曲

第二章 精打细算，聪明的女人会理财

第三章　家有妙招，找到最适合自己的理财方法

第四章　魅力女人，理财时尚两不误

第五章　掌控储蓄和保险，奠定女人投资的基础

第六章　投资金银珠宝，把准财富跳动的脉搏

第七章 投资收藏品，学会放长线钓大鱼

第一章
聚沙成塔，理财是女人生活的主打曲

留心生活，看紧自己的钱包

生活中处处有财理。在日常生活中，只要我们注意留心生活的细节，注重在生活小事上养成节俭的习惯，就不会囊中羞涩。同时，在消费的过程中要尽量客观地做出评价，理智地做好选择，选择最实惠、最合适的消费方式，避免出现不必要的开支。女性往往是消费的主力军，不管是对家居用品还是个人用品都有很强的消费欲望。有人说，女性的挣钱能力总体不如男性，但是整体消费水平却远远高于男性。的确如此，不管是消费的领域还是消费的层次要求一般来说女性都高于男性。所以，女性一定要有理财意识，否则，就会给自己带来很大的消费压力，也会产生很多额外的支出。尤其是结婚之后，女性如果消费过于随性，那么生活就会变得很紧张。

具体来说，女性朋友们可以从以下几个方面，看紧自己的钱包，养成理财的习惯。

1. 减少美容次数

如果你刚满 25 岁或者皮肤比较好，就不要轻信美容师所谓每周做一次皮肤护理皮肤会更好的理论。根据自己的皮肤状况，适当将护理次数由一月4次减少至3次、2次，甚至1次。这样不仅对皮肤更好，每月还可省下一笔不大不小的开支。

2. 根据习惯购买家用产品

有时候好看好用的东西并不适合我们的习惯，如捣蒜器、打蛋器等。这些西式厨房里必备的家居用品虽然好用也不贵，但在中国并不是特别适用，因为中西方的饮食习惯不同。西方人经常在家做面包、蛋糕和饼干，所以打蛋器非常实用，但中国人连蛋饼都很少煎，用筷子就足够了。所以，在日常家居用品的消费上，我们要立足于自己的需要和使用习惯，不要为了某些新潮的原因或是其他的诱惑而作出不理智的选择和决定。很多时候，我们发现一些东西买回家之后，才明白其实自己并不需要。

3. 选择淡季旅游

如果你有出游计划，尽早提前订机票，要知道，现在的机票打起折来可能比火车票还便宜，只要早做打算便可让自己轻松省下一笔。如果时间允许，不妨在淡季旅游。季节和风景依然不错，但价钱却比长假期间便宜20%以上。

4. 尽量不跨行取款

跨行取款，每笔都要付2元的手续费，虽然不贵，但一年下来，你会发现也会消耗不少钱，特别是如果你经常有需要取款的情况。

5. 购物省钱

买家电的时候，妥善保管好发票和保修卡，一旦在保修期内遇到问题，可以让厂家免费上门服务。买打折产品的时候，留意是否可以退换或保修。很多时候打折产品是不能退换和保修的，一旦出问题，需要自己维修，细算下来并不便宜。所以，如果打折产品不能退换和保修，挑选时要更仔细，同时要选择不易损坏的产品。

6. 买衣服要讲究搭配

女人最容易冲动购物，如果新买的衣服无法和衣橱中原有衣物搭配时，要去商店退换。如果不能退换，不妨和与你身材相仿的朋友进行交换，或打折转卖。转卖还有一招，那就是进行网上交易。总之不要将其放置箱底，否则就是在浪费衣柜的空间。

7. 不在饥饿、愤怒以及月经前期逛街

情绪不好的时候很容易冲动消费，千万不要犯这种代价昂贵的错误。在大商场楼上办公，要学会不带钱包逛街。如果真有你喜欢的东西，记下来，好好考虑一下，也许在你回去拿钱包的路上，你就会突然觉得其实自己并不需要它或者这件东西对自己而言并不具有实用价值。换季购物之前，最好先整理一下自己的衣橱，有时你会发现其实并不是一换季就要买一些新衣服，或许你根本就不缺这个季节的衣服。

8. 不要一味赶潮流，总想做"第一个吃螃蟹的人"

做"尝鲜者"，尤其是对一些电子数码产品，是要付出昂贵代价的。推迟一些时间再去消费这些产品，一来性能会有一定的提升也会更加的稳定，二来价格上也会有一定幅度的降低。对一些前沿新潮的产品消费，要学会推迟自己的满足感，这样你会发现你既享受到了产品带给你的便利，同时又给自己带来了实惠，节省了开支。

总之，你不理财财不理你。生活中处处可以理财，女性朋友们，看好自己的钱包，理性地消费、实惠地消费才能真正地享受生活的乐趣，才能持续生活的美好。

会理财，省钱节俭有妙招

消费是一种技术，消费的过程就是一场博弈的过程，既是对自己也是对别人。如果你不懂得如何恰当地消费，那么消费慢慢地就会成为你的负担，可是如果你掌握了省钱节俭的妙招，学会了如何最大限度地使用金钱，那么你才懂得享受生活，才懂得如何使自己和家庭过得更好。

因此，在消费的时候，一定要注意方式方法，把握住消费的关键对于消费来说至关重要。特别是对于女性朋友而言，会理财才会过日子，会理财才能给家庭带来最大的实惠。具体来说，女性朋友可以从以下两大方面入手。

一、省钱五大法宝

1. 周末购物：有特别的惊喜

逛超市，尽量将购物的时间安排在周末。周末虽然人较多，但商家也因此会推出许多酬宾促销活动，像是特价组合或是买二送一等等的优惠。所以，购物的时候选准时机很关键。

2. 打折商品：实惠多

商品打折，有的是快到保质期限了或是出了新的产品，也有一部分是单纯的促销。像饼干、糖果等零食，如果是家人喜爱的，在看清楚了保质期后，既然是特惠酬宾，就可趁机多买几包，还是蛮划算的。

3. 新产品上市：在广告的攻势下要保持理性

如果不是知名的品牌商品，就不要因广告宣传而迷失了自己的判断。因为，广告的作用就是推广、促销，很大程度上是为了吸引消费者的眼球，实质上并不是完全如广告上说的那样好。所以，女性朋友们在消费的时候一定要客观理性地对待新产品的广告，对于知名品牌的新产品，试试也无妨；但对不知名品牌推出的新产品，最好还是得到大众的认可后再作考虑。

4. 购物抽奖应以平常心看待

一些购物场所常常举办一些消费达到多少金额就可以抽奖的促销活动。商家刺激的是购物热情，这时买家在诱惑之下应保持一份平常心。买了该买的东西，抽个奖、拿个小赠品，当然很欢喜，但千万不要为了抽奖而盲目购物，否则，最后奖没有抽到，不需要的商品却购买了一大堆，就得不偿失了。

5. 核对购物小票，以防意外支出

核对购物小票是为了避免收银员将所购物品的数量或价格打错而造成的损失。当场核对，发现问题就可以当场解决。省得回家后发现问题再跑一趟，更何况离开柜台之后，再返回解决就会有很多的麻烦。

二、节俭十个小招

节俭并不是应该花钱时不花，而是通过合理安排开支，省去不必要的花费，才能让该花钱的地方有更多的资金可以投入。所谓，钱要用在刀刃上，只有"财"尽其用才是有价值的。节俭是个人理财中最重要的元素之一，因此，学会理财，学点省钱的方法绝对是有好处的。

1. 商场推出的特价购物时段，打折销售某些商品，非常划算。平时应多注意超市和报刊的有关广告。

2. 按你想做的菜谱写下购物项目，可帮助你无一遗漏地购买实际需要的烹饪原料，避免盲目购买带来的浪费。

3. 关注一下超市入口，商家喜欢把便宜货摆在那里。

4. 随身带个计算器，将购物筐内的物品一一累计。随着钱数的上升，也许可以促使你剔除那些并不急需或可买可不买的东西。

5. 对于日用品、食品，还有不值得珍藏的书籍，千万不要被它们那些花花绿绿的包装所迷惑。因为，精装比简装的东西要贵许多，但是在内容上并没有什么实质性的差别。

6. 购物时，注意力应放在你想购买的东西上，而不是和它捆绑销售或附赠的什么物品上。要明白你想买的到底是什么。

7. 食品方面，购买方便的半成品，如已洗干净切好的鱼、肉、排骨和蔬菜，甚至是已加拌调料的肉丝、肉片等反而节约开销。

8. 经常把眼光投向市场货架的底层部分。比较贵的商品，商家喜欢摆放在与人们视线平行的位置，而便宜的往往放在底部。

9. 购买便宜货时，最重要的是要考虑自己的需要，虽便宜但并不需要的东西，买后积压在家最不划算，反倒是种浪费。

10. 别在饥肠辘辘之时进超市购物，据调查那样会使你多买 17% 的东西。

生活中会理财会省钱的方法还有很多，只要女性朋友们树立理财意识，积极地寻找方法，就一定能够找到最适宜、最恰当的省钱方法。

生活中省钱一是靠嘴，二是靠腿，三是靠耳。靠嘴，就是要多问、多打听，很多省钱的技巧是嘴里问来的，你要装清高，钱包可就越来越薄了。靠腿，就是货比三家，现在的商家大多都很懂得顾客心理，你千万不可听他说得头头是道、唾沫横飞就相信，要省钱又要买到好货还是离不开腿勤。靠耳，那就是竖起耳朵听听别人的省钱之道，坐在公共汽车上耳朵别闲着，也许邻座的大妈大婶在交流"理财经"时会有许多你听都没听过的好建议，例如，到哪里买菜又好又便宜，到哪里逛街可以淘到便宜实惠的生活用品等。

女性生活中要学会巧理财

生活就是一个宝藏，在生活中理财可以为我们带来源源不断的财富和幸福。但是，理财是一种技术，是要讲究智慧的。女性朋友们，想学会理财首先就要深入到生活中去，在生活的点滴细节里学会省钱，最大程度地发挥金钱的价值。

一、装一个分时电表

随着生活水平的改善和提高，很多家庭都添置了空调、冰箱等一些大功率的家电产品，但是这些大功率的产品消耗的电费有时真是让我们大吃一惊。

目前，老式房子大多数还使用普通电表。建议在分时计电费的城市里，特别是安装空调的家庭最好安装一个分时电表，这有两个好处：

1. 分时电表容量大，一匹半至二匹半的分体式空调足够使用。

2. 省钱，七、八两个月高温期可省几百元。有的城市的供电局规定，从晚上 10 时到第二天早上 6 时这段时间里，电费是按半价计算的。一般双职工家庭，白天上班不在家，晚上开着空调睡觉，正可体现分时电表的优越性。

有些女性朋友总感觉分时电表走得快，其实，它完全符合国家规定的标准，所以这种担心是不必要的。

二、"开一停二"用空调

为节约用电，更为节约开支，有一个行之有效的使用空调的方法：开一小时停两小时。当空调开了一个小时后，室内已充分降温，人体已感到凉飕飕时，不妨将空调关掉，然后开动吊扇（一般使用慢挡），这样吹出来的风很凉爽、很舒服，感觉不比用空调差。如室内窗户紧闭的话，一般可延续两小时左右。待室内温度逐渐回升，人体感到有些热时，再关掉吊扇，开启空调。

三、看清食品的保质期

高温季节，食品易变质，所以在买食品时，既要看清楚生产日期，更应注意保质期。否则，弄不好就会吃坏肚子，这样不仅经济上要受损失，更会影响身体健康。

去年夏天，小张在一家大型超市花 21 元买了一大包沪产特浓牛奶，内有 12 小包。小张每天喝一包，当喝完第 6 包后不久就上吐下泻，只好马上去医院看急诊，花费了 200 多元才治好。原来，小张购牛奶时未看生产日期和保质期，喝到第 6 包时已经是过期牛奶，所以造成如此不良的后果。

四、好日子自节俭始

李先生和妻子都是工薪阶层，工资也都不高，但是生活却过得红红火火、有声有色。

在用水方面，早在夏天来临之前，李先生就把他家的所有用水设备都改成了节水型的，如节水龙头、省水马桶、低流量沐浴莲蓬头、省水洗衣机等。他说，几年下来，因此省下的钱就能超过更换设备的费用。

在用电方面，李先生也早就安装了分时电表。一些用电较多的电器，像电热水器烧水，一般都安排在晚上 10 时以后进行。

在饮食方面，平时很少去饭店用餐。在饭店一碟拌黄瓜要10元钱，而在家做1元钱就足够了。每逢节假日，李先生夫妇自己动手改善伙食，从菜场买来鸡鸭鱼肉烧成美味佳肴，一家人吃得有滋有味，经济又实惠；夏天食欲差，厌油腻、喜清淡，李太太就变着法儿做出各种时令食品，如绿豆汤、皮蛋粥、凉拌面、包子、水饺、馄饨等，健康又美味，还省下不少钱。

五、节约用水四个"一"

一水多用，水尽其用。在卫生间、厨房各备一只桶，把用过一次还可用的水储备起来，发挥"余热"。比如，洗手洗脸洗浴洗衣的水，可用来拖地板、冲马桶；洗菜淘米的水可浇灌阳台上的多盆花木。

一缸存满才开机。洗衣时，并不是一两件脏衣服就放入洗衣机洗，最好存满一缸衣物才开洗衣机，这样既省水节电又省工夫。

一瓶清水放水箱。把一瓶装满清水的矿泉水瓶放在马桶水箱里，可以减少每次冲马桶的用水量。

一旦有"病"，早请"医生"。一旦发现水龙头、水管子漏水，尽快请人修复，减少水流失。

女人理财就要独具"钱"眼

女性朋友在生活中，要学会理财就要独具"钱"眼，善于发掘生活中的"财富资源"。所谓独具"钱眼"，并不是挖空心思去寻找赚钱的门路，更非不切实际地尽做发财梦，而是留神、注意日常生活中的家居用品，说不定在下列东西中就能觅到值钱的宝贝。

1. 旧陶瓷、玻璃、竹藤类器皿。普通家庭虽然没有什么官窑瓷器，但可能多多少少有一些近代的瓶、盆、碗、碟、缸之类的小件陶瓷或玻璃器皿。紫砂器是我国特有的器物，特别是 20 世纪 70 年代以前的紫砂壶、紫砂盆，物稀价高。我国历来有木刻、竹刻及竹藤编结等传统工艺，木刻、竹刻的文具或摆件、饰件价钱不菲。旧时的竹藤饭盒、书箱、提篮也很有收藏价值。

2. 旧金属器皿。如铜制的手炉、脚炉、香炉、脸盆、暖壶、果盆、烛台、水烟壶、水盂、蚊帐钩、杯托、墨盒、镇纸等；锡制的酒壶、茶叶罐等；还有镏金镀银的佛像之类。铜制品中以白铜制的为上品，有刻花刻字的更好。

3. 旧信封、旧挂历。旧信封要比盖了戳的邮票的价值高很多。一个贴有早期纪念邮票、特种邮票、"文革"票的实寄封价值，要比剪下来的邮票高十几倍乃至几十倍。如清代的旧信封价格已达数千元至数万元。旧挂历中如果是名画，虽说不能与真品相提并论，但也是有收藏价值的。

4. 旧书故纸、过期票证。旧书中线装书和中华人民共和国成立前出版的旧书，及一些报纸创刊号的价值是众所周知的。一些 20 世纪五六十年代版本的中外名著、专业杂志和连环画，其市价均高出原价几十倍。现在连环画已成为稀罕物，旧版整套《三国演义》连环画，市价已达千元，还不易觅到。粮票、布票、烟票、油票、糖票、煤票等都有收藏价值，早期的更值钱。

5. 旧钟表、旧钢笔、旧眼镜。在这三类物件中不乏有价值的古董，因此，对这三类物件不要轻易丢弃，或当做"破烂"处理，而应该仔仔细细看看它们"出生"的国籍、年代，并加以妥善保存。有些钟表（包括挂表）虽然"老土"得很，但说不定已成为极具收藏价值的古董。又如眼镜，过去有不少眼镜的框架是玳瑁做的，很贵重。旧钢笔也同样具有收藏价值。

6. 旧家具。别看一些旧家具不起眼，甚至惹人讨厌，但有些家具是越旧越值钱。据中央电视台投资理财节目介绍，一些清代的旧木箱能卖到上万元。因此，家里如果有旧家具，千万别不把它当回事，应该掂掂它的"含金量"。

成功属于有准备的人，理财也是如此。女性朋友们，生活的细节处即是理财的开始，只有在生活中注意观察、善于发现，那么你就会发现很多意想不到的赚钱机会和致富契机。所以，女性朋友们要理财首先就要独具"钱"眼。

柴米油盐，琐碎小事中省出好生活

很多人，常常会说自己不是不想理财，实在是没有理财的资本。其实，理财就是一种观念，一种生活态度，不管你有多少资本和钱财，都不妨碍你去理财。甚至一些柴米油盐的家庭琐事，只要你善于理财，注意合理安排，懂得省钱的秘诀，那么生活也会给予你丰厚的馈赠，让你在琐碎小事中省出好生活。相反，如果你没有理财意识，平时生活中大手大脚，那么长期下来你就会多出额外的支出，甚至使自己陷入负债的危机之中。

所以，在生活中要有意识地培养自己的理财意识，在琐碎的细节中合理规划自己的资金，活出生活的好姿态。特别是一些家庭主妇，在日复一日的生活中，更要注重细节的积累。具体来说，女性朋友们可以从以下几个细节中锻炼自己的理财意识，成就自己的美好时代。

1. 建立理财档案

建立一个小账本，将每天的消费支出都记下来，每月进行比较总结，看看哪些钱该花，哪些钱不该花，在下个月的消费中加以注意。这样，时间长了，就会为自己节省一笔不小的开支。

2. 批量购物

定期去超市批量购物，既可获得折扣优惠，也节省了多次往返的车费及时间。像肥皂、洗衣粉等日用品，都可以是整件或整箱地购买，这类日用品每天都需要，保质期长，批量购物可以节省零买的差价。

3. 合理节约杂费

常见的杂费包括水费、电费、电话费等。节约杂费的诀窍在于"用一些巧思"。比如冰箱中食物不要放得太满，可减少电量的损耗。

4. 适当地"计较"

一些日用品可以在超市购买，生鲜的蔬菜瓜果最好到市场上购买，同时买的时候要学会还价，在还价的过程中一般菜贩都会作出一些让步。买好之后，最好在公平秤上重新称一下，避免出现缺斤短两的问题。虽然这些步骤看起来有些麻烦，但是它会在无形中为你节省很多的开销，买到比较实惠的蔬菜瓜果。

5. 大笔支出需要提前作好计划

家里需要添置大件物品时，需要及早制订计划，多观察比较不同商场的价格。同时，对一些费用比较高的物品，每个月都要作好详细而具体的安排，制订一个小笔资金节约计划来积累资金。当资金筹备得差不多的时候，把握住购买时机，多多关注商家的酬宾促销活动，尽量以最少的价格买到最好的产品。

女性朋友们，好生活是需要经营的，大财富是需要积累的。"不积跬步，无以至千里；不积小流，无以成江海。"只有在生活中注重树立理财意识，注重积累，我们的财富才会越来越多，我们的生活也会变得越来越好。

打好理财牌，省钱其实很简单

理财，在某种意义上就是打一种"差价"，走一种经济的路线，多花费一些时间、利用一些"技术"。在生活中，女性朋友们如果能够多多揣度理财的方法，多多掌握理财的妙招，省钱就是一件很简单的事。如果你在生活中没有理财意识，但却总是抱怨自己的钱不够花，那么你只能在自怨自艾中消磨人生。

其实，之所以很多女性朋友感觉再多的钱消费起来也显得有种无力感，是因为缺乏理财意识，对自己的资金缺少规划和安排，尤其是工薪族的女性，往往沦为"月光族"。

那么，女性朋友该怎么打好理财牌，学会省钱呢？

1. 打时间差

打时间差是省钱的基本招数。最小领域如"分时电表"，把集中用电的时间稍微推后，如至晚上 10 点以后，错开日常的用电高峰，即可以享受半价的优惠；最典型的领域是旅游，"黄金周"出游由于和全国人民挤在了一起，耗时耗力还要支付更贵的门票，常常让人苦不堪言，而改变的方式也很简单，利用带薪休假，将假期推迟一到两个星期，出游的心情当然就不一样喽！而买折扣机票选择早晚时段，乘客较少也相对优惠。

在时间上做文章的还有，选择基金后端收费模式。基金公司推出优惠的目的是防止基金过早赎回，而从投资的角度，你也没必要急着在一年内就把基金赎回来，选择一个基金是对它的运作有信心，只要估计自己的信心可以保持一年，你就可以选择后端收费，享受优惠费率了。

2. 走团购路线

个人的力量是有限的，而集体的力量是无限的。团购就是这一路线的最佳体现。一个人砍价没有多少竞争力，但几个人、几十个人联合起来砍价就是另外一回事了，这也是团购能避开商家直接和厂家谈判的重要原因。小的如家电器材，大的如汽车，都可以在团购中得到更多的价格优惠。

3. 牺牲部分生活舒适度

适当牺牲一点生活的舒适度，就能够为自己节省很多不必要的支出。这种方法是非常可行的。比如说卡拉OK，晚上黄金时段的消费是全价且价格不菲，而你只要牺牲一下早上睡懒觉的时间，呼朋唤友地在清晨赶到KTV，价格便只有二三折，酣畅淋漓之后，是不是觉得很值呢？

拼装电脑和品牌电脑的差价则完全是以牺牲舒适度换来的。品牌电脑在高价格的同时，几乎提供的是一种"傻瓜服务"，电脑送到家就可以进行常规操作，尤其适合儿童或者初学电脑者使用，而且品牌保修可以让你少了许多担忧。拼装机从硬件零部件的拼装到操作软件的安装，都要自主进行，这样就可以为自己节省出一部分钱。

4. 多花一些时间和精力

理财更多的是辛苦活，要节俭，就需要一定的时间和精力。收集广告就是劳神劳力的事情，这可能需要你号召家人来共同进行。可收集的有超市的优惠卡、报纸上的折扣广告、店家发的折扣券，还有从网上下载打印的肯德基、麦当劳优惠券等。

通过一些小技巧来省钱的窍门还有很多，但是你要为此付出一定的时间和精力。比如，你想把自己的房子卖了在外租房，虽然能使自己获得一大笔流通资金，但是你要为此付出很多的时间和精力。可以想像，你要跑中介、跑银行、跑交易中心、跑下家客户，一趟下来就会让人叫苦不迭。许多人也有换房或者租房的想法，但畏惧这一番折腾，也就维持了现状。所以，想要学会理财，首先你就要有一定的心理准备，不能怕耗费时间和精力，否则，你就不可能理财成功。

5. 利用先进科技工具

利用先进科技工具的代表人物是网络一族。例如，团购过程中，网络就起到了非常大的作用，它把有共同需求的网友集中起来通过网络平台来实现价格上的优惠，试想如果仅靠朋友之间的口头传播，显然没有这么大的号召力。同时，支付宝、易宝、财付通、快钱支付、网上银行等网上汇款方式也能够有效地减少实地支付或是银行、邮局汇款造成的费用。网上汇款则是银行推广电子银行的促销业务，有时代特征又有实际优惠。另外，看一下建行的"速汇通"优惠措施就可以明白，电话银行划转汇款费用8折、网上银行划转费用6折。在基金销售中，网上购买比起传统的银行、证券公司代销渠道，也有0.5个百分点左右的费率优惠，而且赎回的时候到账时间更短。科技缩短了金融机构和客户之间的距离，也节省了金融机构的营销成本，而节省下的这部分，就变相返还给投资者了。

可见，利用一些先进的工具作为手段可以有效地减少我们的花销，给我们省下一部分钱。所以，省钱不是很复杂的事情，只要我们合理安排、巧妙搭配就会发现，我们的钱包在慢慢地鼓起来。

勤俭持家，更能保证生活质量

勤俭持家，是一种美德，也是女性朋友理财省钱的法则。但是，很多人往往会认为，勤俭持家必然会使自己生活得很拮据、很压抑，生活质量肯定会受到很大的影响。其实，事实并不是人们想像的那样，真正懂得勤俭持家的人才能保证生活质量，并能够逐步提升生活质量。这就要求女性朋友们，善于勤俭持家，准确把握勤俭持家的关键和根本。

具体来说，女性朋友们如何做到勤俭持家又能保证家庭生活质量呢？

1. 穷追不舍买便宜货

安妮透露，每次到超市购物，他们夫妇都会在购物架前仔细地来回逡巡，寻找要购买物品的最便宜价格，而且直到找到最低价才买东西。在她和丈夫的带动下，5 个年龄从 10 岁到 21 岁的孩子也学会了节约，总是陪着父母耐心搜索最低价格。即使在不购物的时候，他们也会像炒股者关注股票一样，随时留心各种物品价格的涨落。

2. 每个月只购物一次

建议女性朋友们，对自己的购物欲望要加以限制，最好每个月只购物一次，因为逛得多一定会多花钱。

3. 购物一定要有计划

有计划地购物是节约的经典策略，购物缺乏计划或是没有计划的人是非常危险的。这样的人购物的时候常常会多消费很多不必要的东西，给自己造成不必要的浪费，加上女性朋友大多比较感性，购物缺乏计划就很容易受到一些外表新潮但是实际并不需要的产品的诱惑，使支出大大增加。所以，女性朋友们，购物一定要有计划，明确自己需要买什么东西，不需要买什么东西，以便做到心中有数。

4. 提前购买节日物品

每逢重大节日前，我们最好提前购买一些节日所需物品，并储备起来，以防节日时涨价。一般来说，在一些重大节日的时候，一些物品的价格就会有不同程度的上升。所以，在节日之前，买一些节日用品，就可以节省很多费用。

5. 巧妙利用购物优惠

为了促进商品销售，商场、超市都会推出很多购物优惠活动，例如买二赠一、低价家庭组合包装等等。

6. 提前预算不立危墙

如果你不提前做预算，你就很可能从一个财务危机陷入另一个经济困境。在善于理财的人看来，一旦家中经济拮据并最终导致负债，那么接下来整个生活都是一种危机了。

7. 永不花费超过信封内总金额80%的钱

有一对夫妇，从结婚初期就开始采用"信封体系"理财，即每个月把家中的钱放入一个个信封，分别用于买食物、衣服、汽油、付房租等等，而且永远不花费超过信封内总金额80%的钱。这样，不仅支付了基本开支，还可以省下一笔钱。

8. 会省也会赚

当然，在会节约的同时，也要会想办法赚钱，所谓"开源节流两手抓"。除了上述七大省钱招数外，还有第八招——抓住机会，想办法赚钱！

生活质量的提升不是一朝一夕的事，它需要长期的努力和积极的积累。因为理财也是过程，特别是生活中省下来的钱需要长期的坚持才能看到明显的效果。但是，细节决定成败，勤俭持家，养成理财的好习惯，生活质量必定会逐步地得到提升。

 ## 掌握税收筹划的方法，节省花销

税收筹划，是指纳税人在符合国家法律以及税收法规的前提下，按照政策法规的导向，事前选择税收利益最大化的纳税方案处理自己的生产、经营和投资、理财活动的一种企业筹划行为。对于个人而言，税收筹划的方法也同样适用，掌握税收筹划的方法能够为我们节省很多花销。

不少市民对于税收都有自己的一套小窍门，常见的有：原本一次性支付的费用，通过改变支付方式，变成多次支付，多次领取，就可分次申报纳税；又如对于劳务报酬收入，可由雇主向纳税人提供伙食、交通等服务费来抵消一部分劳务报酬，可适当降低个人所得税。除了这些常用的税收筹划方法，在我国现行的税法中还有不少优惠政策，若是平时注意这些小窍门，也可为自己节省一笔不小的开销。综合运用各种方式进行个人税收筹划，可以达到收益的最大化。

具体来说，女性朋友可以从以下几个方面实现自身税收利益的最大化。

一、教育储蓄免交利息税

据相关统计，储蓄存款在很多工薪阶层的全部流动资产中占到80%。虽然在诸多投资理财方式中，储蓄是风险最小、收益最稳定的一种，但是央行连续降息加上征收利息税、银行收费等已使存款利率压缩到很低的水平。

与众储蓄品种比较，免缴利息税的教育储蓄就变成了理财法宝之一。教育储蓄可以享受两大优惠政策：一是国家规定"对个人所得的教育储蓄存款利息所得，免征个人所得税；二是教育储蓄作为零存整取的储蓄，享受整存整取的利率。相对于其他储蓄品种，教育储蓄利率优惠幅度在25%以上。

二、捐赠可抵减个税

"捐款还能减免税？"刚刚捐了500元钱的刘小姐拿着捐款收据有些将信将疑。"当然了，留好收据，可以抵减一部分个人所得税。"中国红十字会的工作人员解释。

据相关规定，个人将所得通过中国境内的社会团体、国家机关向教育、其他社会公益事业以及遭受严重自然灾害地区、贫困地区捐赠，其赠额不超过应纳税所得额30%的部分，计征税时准予扣除。即金额未超过纳税人申报的应纳税所得额30%的部分，可以从其应纳税所得额中扣除。只要纳税人按上述规定捐赠，既可贡献出自己的一份爱心，又能免缴个人所得税。

三、买保险不计入个税

目前，根据我国相关法律法规规定，居民在购买保险时可享受三大税收优惠：

1. 企业和个人按照国家或地方政府规定的比例提取并向指定的金融机构缴付的住房公积金、医疗保险金，不计个人当期的工资、薪金收入，免于缴纳个人所得税。这里需要指出的是，有人有时聪明过了头，自认为按照最低标准缴纳"四金"可以少扣点钱，比较合算。事实上考虑到"四金"的免税优惠及重要性，按照实得工资缴纳"四金"才是明智之举。

2. 由于保险赔款是赔偿个人遭受意外不幸的损失，不属于个人收入，免缴个人所得税。

3. 按照国家或省级地方政府规定的比例缴付的住房公积金、医疗保险金、基本养老保险金和失业保险基金存入银行个人账户所取得的利息收入，也免征个人所得税。

四、国债和国家发行的金融债券利息

根据我国《个人所得税法》第四条的规定，国债和国家发行的金融债券利息免纳个人所得税。所以，女性朋友如果条件允许的话，可以适当地购买一些国债和国家发行的金融债券。

第二章

精打细算，聪明的女人会理财

学会理财，善于未雨绸缪

不管是什么样的理财方法，说到底是一种对未来的筹划和准备，也就是未雨绸缪。在家庭层面，理财是为了更好地持家过日子或应对不时之需。在个人层面，理财是为了积累足够的财富实现自己的某种目标或是购买欲望。现代社会，理财是每个人都必须学会的生存技能之一。理财的成果不仅决定着你个人的生存和发展，也会影响家庭的生活质量和幸福指数。所以，学会理财，掌握良好的理财方法是非常重要的。

理财是一种艺术，说难也难，说易也易。以理贯之，则极易；以枝叶观之，则繁难无穷。比如，子女的教育婚嫁、父母年迈多病及赡养、自己的生老病死，样样都离不开一个"财"字。如果缺乏统筹规划，家庭虽不致一时拮据，但若有像下岗那样突来之变，则小康也必成赤贫。所以，未雨绸缪是理财的核心思想。

那么，具体来说女性朋友应该怎样培养自己的理财观念，做好理财的功课呢？

一、家庭理财步骤

理财步骤是以家庭为模本的，个人也可以参照其原理来实施，家庭中每个人最好都做一本个人账，再汇成一本总账。

（一）家庭财产统计

家庭财产统计，主要是统计一些实物财产，如房产、家具、电器等，可以只统计数量，如果当初购买时的原始单证仍在，可以将它们收集在一起，妥善保存，尤其是一些重要的单证，建议永久保存。

这一步主要是为了更好地管理家庭财产，一定要做到对自己的财产心中有数，以后方能"开源节流"。

（二）家庭收入统计

收入包括每月的各种纯现金收入，如薪资净额、租金、其他收入等，只要是现金或银行存款，都计算在内，并详细分类。

一切不能带来现金或银行存款的潜在收益都不能计算在内，而应该归入"家庭财产统计"内。如未来的养老保险金，只有在实际领取时才能列入收入。这虽然不太符合会计方法，但对于家庭来说，现金和银行存款才是每月实际可用的钱。

（三）家庭支出统计

这一步是理财的重中之重，也是最复杂的一步。为了让理财变得轻松、简单，建议使用 EXCEL 软件来代劳。以下每大类都应细分，以便知道每分钱都流向了何处，每天记录，每月汇总并与预算数比较，多则为超支，少则为节余。节余的可依次递延至下月，尽可能地避免超支，特殊情况下可以增加预算。

1. 固定性支出。只要是每月固定不变的支出就详细分类记录，如房租或按揭还贷款、各种固定金额的月租费、各种保险费支出等。种类可能很多，手工记录非常烦琐，而用 EXCEL 记录就非常简单。

2. 必需性支出。水、电、气、通信、交通等费用是每月不可省的支出。

3. 生活费支出。主要记录油、米、菜、盐等伙食费，及牛奶、水果、零食等营养费。

4. 教育支出。自己和家人的学习类支出。

5. 疾病医疗支出。无论有无保险，都按当时支付的现金记录，等保险费报销后再计入当月的收入栏。

6. 其他各种支出。每个家庭情况不同，难以尽述，但原理大家一看便知，其实就是流水账，一定要将这个流水账记得详细、清楚，让每一分钱花得明明白白。

只要坚持统计半年，就一定能够养成"量入为出"的好习惯。使用 EXCEL 软件来做这个工作，每天只需几分钟，非常简单方便。

（四）制订生活支出预算

参考第一个月的支出明细表，来制订生活支出预算。

建议尽可能地放宽一些支出，比如伙食费、营养费支出一定要多放宽些。理财的目的不在于抑制消费，不是为了吝啬，而是要让钱花得实在、花得明白、花得有价值。所以，在预算中可以单列一个"不确定性支出"，每月固定几百元，用不完就递延，用完了就向下月透支。目的是为了让生活宽松，又不至于养成大手大脚的坏习惯。

（五）生活和投资账户分设

每月收入到账时，立即将每月预算支出的现金单独存放进一个活期储蓄账户中，这个活期账户的资金绝不可以用来进行任何投资。

每月收入减去预算支出，即等于可以进行投资的资金。

建议在作支出预算时，要尽可能地放宽。一些集中于某月支付的大额支出应提前数月列入预算中，如6月份必须支付一笔数额较大的钱，则应在1月份就列入预算中，并每月从收入中提前扣除，存入活期账户。通常情况下这笔钱不得用来进行任何投资，除非是短期定存。

经过慎重考虑之后，剩下的资金才可以存入投资账户。投资账户可分为以下几种：银行定期存款账户、银行国债账户、保险投资账户、证券投资账户等。银行定存和银行国债是目前工薪阶层的主要投资渠道，这主要是因为大多数人对金融产品所知甚少，信息闭塞造成了无处可投资、无处敢投资。保险投资虽然非常重要，但一般的工薪阶层也缺乏一定的分辨能力和相关的知识。

证券是一个广泛的概念，不能一提到证券，就只想到股票这个高风险的投资品种，从而将自己拒于证券市场大门之外，要知道证券还包括债券和基金等。

二、明确风险

保险公司、银行、其他金融机构、社保基金，甚至未来工薪阶层的个人社保账户，都是相关机构拿着工薪阶层的钱来做投资。收益当然是机构赚大头，无论赢亏，它们都能按照"资金规模的大小"提取固定的管理费，而亏损的全部风险却要由工薪阶层承担。所以，就算你什么也不投资，也并不能彻底地回避风险。即使是对于存款而言，其实也存在着一定的风险，风险是任何投资都难以避免的。

总之，学会理财对女性而言是非常重要的，学会理财能够让女性朋友更好地应对未来的生活变故，更好地生活。因此，女性朋友们，一定要树立正确的理财观念，掌握科学具体的理财方法。唯有如此，理财活动才能良好地开展。

良好的理财观念是理财的保障

"理财"的本质，在于善用手中一切可运用资金，从容应对人生各个阶段的需求。其中，良好的理财观念就是开展高效理财的关键和重要保障。如果缺乏正确的理财观念作指导，那么理财很有可能就会变成"破财"。相反，坚持正确的理财观念，"有理有据"地进行理财和投资就会使自己手中的资产不断增值，就能最大程度地发挥出理财的优势和价值所在，使生活没有后顾之忧。

对于女性朋友而言，理财是必不可少的，掌握正确的理财观念，学会科学地理财是非常关键和重要的。具体来说，女性朋友们可以从以下几个方面入手，树立起正确的理财观念。

（一）有得有失，切不可因噎废食

没有任何一项投资保证稳赚不赔、获利满档，只要是投资，势必牵涉到风险，你若因噎废食，拒绝投资尝试，将永远与财富无缘。建立正确的理财观念，在于用达观的心态勇于接受结果，正确面对风险与困境，不要奢望能够一步登天，顺风顺水。

（二）勇于尝试，胆大心细

细心谨慎是多数女性的特质，却也成为女性投资理财的最大阻碍。对金融市场不熟悉、无理财概念、无法掌握瞬息万变的局势，都是女性不敢放手一搏的借口。踏出投资理财第一步，不是投机，也不是短期获取暴利，女性朋友们一定要对投资理财有一个客观准确的认识，要勇于尝试。在信息对等的时代，女性要出人头地，要有独立的经济能力，为晚年生活做准备，都必须学习投资理财，这是新时代女性的必修课。

（三）信赖专业，尊重专业

往年股市热滚滚时，交易大厅挤满菜篮族，你一言我一语之下，三姑六婆，全将血汗钱压宝，待血本无归后才知悔不该当初。无论你是忙碌的职业女性，还是对财经一知半解的家庭主妇，甚至是现在就急着规划未来的青年学子，都要学会"相信专业"这四个字，它可以使你避免不必要的风险，少走许多冤枉路。

（四）避免"这山望着那山高"

拟定投资理财策略就像下象棋，开战鼓声响起前，要仔细规划步骤与策略，下定离手就不后悔，步步朝计划前进。无计划地短线操作、心猿意马，最后的下场往往就是阴沟里翻船。

（五）留得青山在，不怕没柴烧

最好的投资理财观念，在于确保现阶段生活无后顾之忧，然后再将手中闲钱进行规划，以求更佳的生活品质。"资产配置"的功力不容忽视，想要投资，请先想想遭遇风险或亏损时有多少应变能耐与承受能力，不要被利益蒙蔽。同时，如果在投资理财的过程中遭遇亏损，也不要灰心丧气，一蹶不振。人们常说"留得青山在，不怕没柴烧。"就是在告诉我们遭遇亏损时不要自怨自艾、不思进取。没有谁能保证每一次的投资理财都是成功的。

（六）记取前车之鉴，败中求胜

失败是成功之母，人生在世难免遭遇许多挫折，失败了就当做缴了一次昂贵的学费，日后你会发现，这些失败的经历给你带来丰厚的回报。只要你能够从失败中吸取经验和教训，失败就绝对是有价值的。

因此，理财说来简单，其实很复杂。不管是月光族还是家庭主妇，女性朋友们，理财首先是一个观念问题，必须对理财投资有一个客观准确的认识和评价。唯有如此，你才能在理财的过程中获得长期的发展，取得大收益。

不同年龄的女性要有不同的理财观念

在社会竞争激烈的今天，女人不仅要和男人一样拼杀职场，同时女性朋友还要担起打理自己和家庭生活的重任，因此，女性朋友的理财观念和理财能力直接关系着个人以及家庭的生活质量。

女性朋友的理财是有阶段性的，不同年龄阶段的女性往往要树立不同的理财观念。这与女性朋友不同年龄段的生理和心理特点是紧密相连的。具体来说，女性朋友们大致可以划分为以下几个年龄段的理财观念。

一、20 岁时的理财观念

20 岁左右的女性往往刚刚进入职场，此时，养成良好的花钱习惯，有计划地定期投资是理财的重点。

1. 投资需趁早

对很多年轻女性说，薪水太少，没有"本金"何谈投资理财？可理财师认为，年轻本身就是一种资本，越早投资收益就越高。"本金"少的女性，可以采用定期定额的方式购买基金，每个月只需几百元，可获得专家理财带来的高于银行和国债利息的分红。

2. 从记账开始理财

理财师建议年轻女性先学会记账。每天用几分钟时间记一下当天的花费，这样一个月下来再看记账单时保证吓一跳——40 元的电影票、30 元的唇膏、15 元的出租车费、6 元的小吃……平日的花费加在一起是那么多！因此，制订一套"用钱"计划很重要。

可以做一张月支出表，把开支分为 3 大类，包括固定支出、节制支出和完全节制支出。然后，把这些钱重新分配，慢慢就能学会应该怎么花钱才不影响生活品质。

3. 充电与充"值"

利用 8 小时工作之外的时间，20 岁的你可以每个月享受到双薪的快乐，秘诀就是：在维持工作业绩的同时，开发一门可以稳定赚钱的副业。理财师也表示：利用知识生财是新时代女性高层次的理财方式。另外，初入职场，想得到老板的赏识，尽快提高收入，就要投资无形财富：考一个专业技能证、多看些专业书籍，对于自我价值的提升大有裨益。

二、30 岁时的理财观念

30 岁的女人生活有变化，当"2"字头的年龄画上句号，曾经无忧无虑的女人突然发现生活里多了些不浓不淡的阴霾。结婚、生育大多发生在这一年龄段，这个时期的理财观念和策略就要适当地作出调整，这样不仅会让现在的日子过得更好，还会让老年生活更有保障。

1. 二人世界

结婚的开销，购买房屋、汽车、家用电器等，女性对家庭经济建设自然也责无旁贷。理财师建议：处在这个阶段的女性在大胆尝试投资中高收益产品的同时，适当增加一些保本型的投资。建议高风险高收益产品的比例下降到 60%。

2. 宝宝出生

理财师介绍，在大中城市，小孩从幼儿园至大学的教育费用约为 20 万元；如果子女出国留学，费用约为 100 万元。再考虑通货膨胀的影响，这将是一笔惊人的数字。因此，在孩子一两岁时，便可开始用定期定额的方式来筹措子女的教育经费。子女教育基金的投资期一般在 15 年以上，每月投资具有成长价值的基金并长期持有，可轻松面对子女未来庞大的教育费用。另外，也可以考虑为子女购买儿童教育健康险，不仅可以为宝宝积攒一笔丰厚的教育金，更可以得到十几种大病的保障。

三、40 岁时的理财观念

40 岁这个阶段的女性多在职业成就及收入方面达到了人生的最高点，加上孩子也大了，更多的是一种对生活的享受。

1. 考虑退休计划

理财师认为，"风险"管理是此阶段第一要务，应该开始审视自己未来退休生活筹措的资金是否足够，想清楚自己在退休后期望什么样的生活水准，相关医疗保险是否合适。由于已届中年，因此，在投资标的的选择上需逐渐降低风险，投资心态应更为谨慎。建议采取定期定额投资及单笔投资双轨进行的方式来积累退休基金。投资标的可选择平衡型基金或债券基金，前者属于进可攻、退可守的稳健基金，后者属于本金有保障的保本基金，股票的投资在这个阶段要逐渐减少。

2. 莫忘保险规划

理财师认为，保险规划此时显得尤为重要。如果在 40 岁时还没有健康方面的商业保险，那么，在以后的几十年生活中家庭风险就会大大增加。建议在这个时候好好调整自己的保险规划，保险支出应占家庭年收入的 10%。

 不同年龄的女性要学会适时理财

不同年龄阶段的女性有不同的特点，也有不同的理财方式和方法。女性朋友们，只有善于根据自身的年龄特点，采取最佳的投资理财方式，选择最适宜的理财渠道和方法，才能在理财的过程中获得最好的收益，才能最大程度地实现理财的价值。

具体来说，不同年龄段的女性要学会掌握以下几种理财方法。

（一）25 岁以下——"理才"重于"理财"，投资自身回报最高

经常听到有很多年轻的女孩振振有词地说，钱是赚出来的，不是省出来的。这话固然有理，然而，要想赚到更多的钱，首先需要有赚钱的本领，其中"理才"就是一种很重要的赚钱本领。25 岁以下，是一个"理才"重于"理财"的年龄，这个阶段投资自己，比投资其他都重要，都更有价值。

二十多岁的年龄是一个人人生中最关键的时期，也是奠定人生基调和色彩的重要时期。这个时期是一个人储备和积累的时期，不断充实自己、增加自己的才干，才能使自己拥有一个高起点，才能使自己拥有更大的资本。

（二）26 岁到 45 岁间——储备子女生育基金，转型家庭理财

这是理财最为复杂的时期，个人理财逐渐转变为家庭理财。一来，工作上可能会有升迁或变动，使自己能有更好、更稳定的收入来源；二来，面临结婚生子、子女抚养和教育费用逐渐增加的现实；三来，父母年事渐高，赡养老人的义务也逐渐提上日程。

初期时，为了把家庭变成真正的避风港，需要进行家庭风险管理，建立家庭风险管理基金，并开始选择保险等未来保障型产品。此外，余下的闲钱还可以适当考虑一些收益较高的投资理财工具。一般来说，家庭的风险管理还是应该以保险和银行定期存款为主要工具。因此，应该先罩上一层安全网，再来进行其他的投资目标规划。

从国外的情况看，一个人适当的保险金额，应该至少是每月总收入的 72 倍——保险提供的保障应该至少足够在没有经济来源的情况下支撑 6 年。

在后期时，需要逐步降低风险，增加流动性，因为，随着结婚与子女的出生和成长，教育基金的需要量也会同步增长。因此，在孩子年龄还小的时候，考虑到教育基金的重要性，家庭的现金支出压力会增加，加上买房的压力，抗风险能力会降低。所以，这一时期不宜投资高风险的投资品，主要兼顾流动性与保障。

（三）46 岁到 55 岁之后——维持生活水准，做好退休保障

这一阶段主要是为自己退休后的生活进行准备的阶段。可以根据家庭成员的状况分别安排资金，由于资金刚性支出压力较小，可以相对灵活地进行安排。比如，给自己或家庭成员购买保险，资金充裕的话可以考虑再购买一套住房等。但仍不宜进行炒股等高风险的投资，宜改投国债或者货币市场基金这类低风险的产品。

总的来说，不同年龄的女性在制订自身理财方案时可能会有较大的不同。但最为核心的是，自己一定要有综合理财的概念，对于自己的未来要有全盘考虑，这样才能做出最适合自己的理财方案。

用理财扎实粉领族的人生根基

粉领族，是一个外来生活型态类别用词。具体就是指女性的上班族，一般她们担任一些传统类型的工作职务，与男性的专业没有重叠，与白领也不同。粉领族在社会学者的定义上，通常是指执行次要工作的女性，例如最具代表的粉领族工作之一，就是秘书，此外，亦有资料输入员、卖场销售员、教书或是从事其他教育类的工作；其他也包括护理、清洁等职务。

粉领族的年龄大致处在二三十岁，有如旭日东升，初入社会，朝气蓬勃，充满活力。但是，粉领族也面临着很多的问题和挑战，踏入职场或许一两年，或许四五年的你，如果不懂得如何规划自己的薪水，不懂得如何理财，那么你只能得过且过，你的未来也将一片黯淡。

粉领族正处在事业的起步阶段，应该学会用理财行为切实奠定自己的人生，为以后的发展打下基础、储备资本。

26岁的李珍，活泼可爱、衣着时髦，经常变换时尚的发型，隔三差五就换不同款式的名牌包。每次她踏入办公室，女同事们便会投来羡慕的眼神和惊呼赞叹："这块表哪里买的？""这个包包很贵哦！""这件衣服真好看！"

此起彼落的称赞，总让李珍不由地涌起一阵高贵、时尚的兴奋感。只是，人前光鲜的李珍，每当拿着存折，见才到月中，账户里就空空如也，不免心头一阵迷茫；收到信用卡账单时，望着愈积愈多的欠款数字，心里更会闪过一丝紧张。怎么办？每次碰到这种情况，李珍都选择暂时忘却，然后告诉自己：反正欠款也不是一时还得清的，而且，每个月都还撑得过去，以后慢慢还就是了。

年轻的嘉莉却与李珍截然不同，不负债、不透支、不花光，每个月固定存下薪水的2/3，通过银行既缴纳保费，还买点基金。她希望有一天，累积一笔自备款，买套属于自己的小房子，往后的生活才会更加有保障。

消费至上的李珍、用心打理钱财的嘉莉，一二年内或许财务状况差异不大，但是，过五年、十年再看，彼此的经济景况一定会差别巨大，财务的漂泊与稳定会形成两条天差地别的道路。

那么，粉领族如何建构扎实的财务基础？心里怎么打算很重要，观念的"任督二脉"一定要打通：养成正确的生活态度和消费习惯。粉领族一定要做好钱财的打理，量入为出、存钱储蓄是理财的基本功。有资金才能规划保险、做投资，为未来的经济生活奠基。如果想法偏了，任意花钱不节制，生活形态就会扭曲变形。

很多人在读书时，是利用助学贷款缴学费，刚毕业就背负一身债务。进入社会工作以后，最重要的是先好好工作、努力赚钱，尽快还债。无债一身轻，还清前债以后，粉领族在理财这条路上，才能从零开始，而不是从"负数"起步。像消费至上的李珍，看似靓丽，但是，长久入不敷出，很可能哪一天就落到周转不灵的境地，被银行追债，然后，信用记录留下一生的污点，下场就会变得很悲惨。

粉领族刚步入社会，如果能趁年轻，抓住时机及早开始投资理财，那么五年、十年以后，人到中年时自然就有可观的财富基础。那么，粉领族该如何有效理财呢？

理财专家建议：一定要利用各式金融产品，为自己建构一道道理财防护罩；在进行理财规划的过程中，三大守则要记牢。

（一）一定要储蓄、存钱

一定要多存钱、多储蓄，手头上有节余、有能够周转的资金，才能够用钱滚钱，才有办法抓住投资生财的机会。说到储蓄，好像压力很大，其实，就是养成适当的生活、消费习惯，把握几个原则就好：量入为出，避免"寅吃卯粮"。简单说就是，不要每个月一进账就花光，甚至透支。

（二）对人生风险，一定要有规划

漫漫人生，世事无常，最怕碰到不可预料的病痛。同时，也要考虑到未来，支持退休生活所需的钱财从哪儿来？要控制风险、建构防护网，最实用的工具就是保险。独立自主的粉领族，不妨从医疗保单着手，为自己筑起一道人生的保护墙。最好选择"生病保病，无病退本"的医疗险，为无病养老做备用金。初期可以考虑选择低保费、高保障的医疗险，随后再以"终身医疗险"将医疗保障时间拉长至终身。粉领族年轻靓丽、活泼健康，不过，人生的风险是难以预料的，最好还是未雨绸缪。

（三）投资未来，基金理财不可少

目前，光靠存款生利息来累积财富是非常缓慢的，有时甚至可以说效果是非常不明显的。因为，储蓄作为一种最基础、最常用的理财方式，主要是为了控制过度消费和获得一定的利息收入，然而利息收入是非常有限的。相对于储蓄来说，善用其他的金融产品来做投资，能够快速地帮助自己积累财富。投资理财的规律是"风险越大，收益越大"。因此，对于粉领族来说不妨选择各式基金作为踏入投资世界的第一步。基金跨入门槛低，几千元就可投资，而且平均年报酬率高于储蓄，加上复利效果，长期下来，累积财富的功效更大。

做好理财规划，和财富零距离

生活之中充满变数，缺乏规划的人生是难以预料的。特别是对于理财而言，规划是非常重要的。缺乏理财规划，即使你挣的钱再多，它也会消失得无影无踪，让你的人生充满危机。但是，如果你有科学合理的理财规划，你与机遇和财富就能保持零距离，使自己成为一个精明女人，同时你的人生之路也会走得畅达舒适。

在现实生活中，有很多缺乏理财规划的人，在需要资金支持的时候捉襟见肘、苦不堪言。所以，女性朋友作为家庭的"财务部长"对家庭的钱财进行良好的理财规划是至关重要的。如果女性朋友不注重理财规划，不能够合理地安排家庭收入，那么很可能就无法抵御未来的生活问题，比如购买房屋、子女教育等。

30岁的邹女士拥有一个三口之家，她和丈夫工作收入都较稳定，小孩5周岁。家庭年收入20万元左右，年支出在10万元左右。拥有私家车1辆，160平方米住房一套，存款20万元左右，股票投资10万元，艺术品投资20

万元，无负债。一次性购买了少量医疗保险。她希望对家庭收入进行合理分配，并将节余进行有效投资。

理财师给邹女士四个理财建议：

1. 教育规划。根据现在城里孩子教育费用，大学 5 万元左右，按每年学费增长率 4%计算，14 年后约需 87 000 元。在回报率为 6%的情况下，今后 14 年每月约存 500 元作为孩子的大学费用。

2. 保险规划。保险支出应占收入的 10%左右，建议邹女士以此比例选择保险种类。在意外险之外，可选择一些每年分红的万能型投资寿险产品，也可选择期交型的保险产品，每年既获得稳定的收益，又兼具保险保障职能。

3. 投资规划。邹女士的投资结构应减少股票、银行存款及艺术品方面的投资，增加基金投资及理财产品投资，建议保留 5 万元的应急准备金，其余可以投资理财产品。

4. 退休规划。虽然邹女士离退休还有较长时间，但建议考虑准备养老基金。每年投入 4 万元左右，可以使退休后收支平衡，考虑分红型保险产品或债券型基金。

那么，邹女士应该合理应用哪些理财工具呢？

理财师认为，由于基金定期定额投资方式具备风险较低、长期收益可观的优点，可以作为主要的理财工具，邹女士可以选择一些过往业绩较好的基金，并采取 3 年以上的投资期限，这样可以有效规避风险。另外，在股市持续走高的情况下，一些大型证券商的理财产品也可以尝试一下。

女性朋友们，良好的理财规划就是我们人生的保障和抵御风险的坚固防线，拥有了科学合理的理财规划，就能够使我们时时掌控财富，从容应对未来的人生问题，享受幸福美满的生活。

做美女，更要做 "财女"

在现代社会中，女性朋友仅仅做一个美女是远远不够的。一个独立自主的女性必须还是一个"财女"，要懂得如何赚钱，要懂得如何生财。所以，女性朋友在现实生活中一定要有投资理财意识，学会如何投资理财。只有美女加上"财女"，女性朋友们在生活中才能尽享生活的美好，从容应对生活中的各种问题。

从柴米油盐醋茶到买房买车，从孩子的教育到父母的养老费安排，从重大投资到安全保障等，家庭要操心的事太多了。虽说女性天生的细腻可能更适合理财，但要想做个"财女"还真非易事。

要做个合格的"财女"，需要在生活中从消费、投资、保障等方面进行切实而长期的修炼，以健康的理财方法去实现生活的梦想。

要做"财女"首先要做"才女"。女性在进行投资前应加强学习，无论投资股票、基金，还是投资住房、商铺；无论购买理财产品，还是做外汇买卖；无论投资邮币卡票，还是古玩字画，都要求有相当的专业知识。但是，如果你没有相关的知识作为基础，盲目地投资理财，那么这种投资理财行为就不是在赚钱而是在烧钱了。另外，女性应明白投资的关键是量身定做投资规划，根据自身不同的资金背景进行全面分析，弄明白自己可以投资哪些方面，不能投资哪些方面，投资在哪些领域能够获得最好的收益。

在有了足够的财务知识后，女性根据自己承担风险的能力制订理财计划，这样才能有的放矢，得偿所愿。随着更多理财产品的面世，女性投资者可选择不同风险档次、不同回报方式进行投资。要设计好自己的投资组合，最好不要集中投资高收益产品或集中投资低收益产品，而应该两者兼顾，通过组合方式获得最大的收益，同时最大程度地分散风险。

理财是理性投资而不是一夜暴富。货比三家是女性投资理财的基本功。理财是分散风险、实现目标收益率的一种手段，是对财富的长远规划。建议女性在进行理财全盘考虑的时候，尽量分散投资于相关性不大的产品中。比如，黄金与美元往往呈反向变动，同时持有这两种产品，就能对冲美元贬值的风险。

与男性相比，女性明显具有严谨、细致、稳健、保守、感性的特点，这些特点使女性对家庭的生活开支更加关注也更为了解；在收入支出的安排上享有优先决策权，能够较为主动地掌控投资理财的方向和重心；但同时女性在投资理财的过程中往往又有疑虑、迟缓的特点。这些投资特点一旦走向一个极端，那么就会成为女性朋友投资理财致命的弱点。所以，女性朋友在理财的过程中在充分发挥自身优势的同时，也要注重克服女性理财的缺陷和不足，注重对投资理财的长期规划，避免使自己走进投资理财的误区，给自己造成损失。

此外，女性消费的观念也是很矛盾的，有时很精打细算，一分一毫都计较；另一方面，女性又最容易因冲动而买了不少无用的东西。在投资理财的过程中，女性朋友一定要善于克服自己的消费冲动，树立起正确的消费观念。唯有如此，女性朋友才能真正做一个名副其实的"财女"，最终成就自己的幸福人生。

女性理财首先要做好功课

男性与女性的投资理财风格各有千秋。与男性相比，女性明显具有严谨、细致、稳健、保守、感性的特点，这些特点决定了女性在理财方面的优势：对家庭的生活开支更为了解，在收入支出的安排上享有优先决策权；投资理财比较谨慎，能很好地控制风险；投资之前，往往会事先征求多人的意见，三思而后行等。

但是，过于"严谨"、"细致"，易使女性"本末倒置"，只看重眼前蝇头小利，而忽视在投资和理财上的长期规划；"保守"会让女性为寻求资金的安全性而拒绝新的尝试；而过于"感性"，优柔寡断，更让女性的投资"跟着感觉走"——感情用事和盲目跟风。面对这些理财弱点，女性要想更好地理财，达到良好的理财效果就要补充一些理财知识，用科学的理财知识和高效的理财方法来弥补女性理财的缺陷。

一、理财的一个重要理念"知己知彼"

所谓知己，是指必须了解自己或家庭的财务状况、风险承受能力、投资偏好和理财需求；所谓知彼，就是要具备理财基本知识，清楚理财工具的风险和收益，了解市场的行情变动和国家宏观经济状况等。

首先，要了解自己及家庭现有的财务经济状况和理财需求。如，年轻女性（25~30岁）的主要需求是积累充实自己面对社会历练所需的资本，或是准备成立家庭的储备资金，在理财上应采取比较积极的态度；而开始步入青壮年的女性朋友（30~40岁）理财需求的重点，是倾向于购置房屋或准备子女的教育经费，以追求稳定的生活为主，在理财心态上应较为保守、冷静，尤其应设定预算规划，以安全及防护为主；进入40~50岁的中年妇女，生活模式大致稳定，收入也较高，孩子也已长大，在这一阶段，投资心态应更为谨慎，逐步增加固定收益型投资的比重，但仍可用定期定额方式参与股市的投资；到了50岁之后，进入安养期，理财需求以保本为主，应少做积极性投资。

其次，要对自己及家庭进行财务风险的评估。你可以到理财师那里，通过客观专业的风险测试来了解自己的风险偏好，也可以结合自己的年龄、家庭、资产、投资经验为自己划定风险系数。

通常情况下，随着年龄的增长，可承受的风险逐渐递减。一个粗略的估算是，"可承担风险比重=100-目前年龄"。如你的年龄是30岁，依公式计算，你可承担的风险比重是70（100-30=70），代表你可以将闲置资产的70%投入风险较高的积极型投资（如股票），剩余的30%作保守型的投资操作（如定存）。但这不能一概而论，因为风险系数还与婚姻、家庭及投资经验等有关。

投资理财是个系统的过程，它是对个人专业知识和心理素质的双重考验，仅仅依靠直觉注定是要失败的。女性朋友需要利用业余时间学习理财知识，了解相关的技巧，必要时可添置小型财务软件，以及上网学习模拟投资。在平时，多留意财经消息，多听专家意见，同时，还要学着判断资讯及他人意见，结合自己情况作取舍，不要轻信所谓的"熟人推荐""内部信息"等。当发现自己没有能力和时间分析金融市场上那些纷繁复杂的信息时，应该借助专业理财的力量，以实现资源的优化配置。

二、没有任何保障下的风险投资才可怕

俗话说"天上没有掉下来的馅饼"，风险和收益往往是成正比的。要想获得较高的收益，通常就要承担较高的风险。

对于大多数的女性，在投资上需要有更多的冒险精神，不要因惧怕金融市场的高低波动和投资决策的判断失误而对风险敬而远之。殊不知，将资产存入银行储蓄，也面临着本金缩水，使自己设定的长期目标无法实现。只要我们在风险投资前，认识并接受风险，做好研究和防范工作，风险并不可怕。

两道"防火墙"是风险投资的前提。

1. 预留应急准备金，维持个人或家庭生活的日常费用。留出 3~6 个月的收入，作为应急准备金，一部分可活期储蓄，另一部分投资货币市场或短债基金，这是为失业、生病或修理房子和汽车做应急储备。

2. 购买保险，这种避险"防火墙"的构建，对不同生存阶段、不同健康状况、不同收入背景、不同生活方式、不同消费预期的个人或家庭，有不同的要求。它的主体是意外伤害险、健康险、第三者责任险、养老保险等，其主要目的是应对个人或家庭的中远期需求，防范和降低不可预计的风险。

在构筑好个人和家庭经济生活的"防火墙"后，女性朋友才可运用股票、证券投资、基金等工具，根据自己的理财需求及风险偏好进行有比例的风险投资。

理财方式是女性理财的关键

理财是一个非常复杂的概念，在理财的过程中不同的理财方式直接影响理财的成败。如果在理财的过程中不能采用正确的理财方式，那么理财就会给自己带来巨大的损失。相反，如果女性朋友能够坚持科学正确的理财方式，那么理财就会使你获得丰厚的回报，让你的生活更上一层楼。所以，理财的方式是女性理财的关键，树立正确的理财观念采用正确的理财方式，是女性理财成功的重要保证。

但是，在现实生活中，很多女性的理财方式都存在一定的问题。很多女性有财可理，但是很多女性却一点也理不出来财。因此，女性在理财的过程中一定要避免一些错误的理财方式，错误的理财方式只能造成理财的失败。

具体来说，以下的理财方式女性朋友在理财的过程一定要不得。

1. 不要把希望和未来全寄托在有钱老公的身上

在国际银行大厦上班的阿丽是一个美丽时尚的女性，她在一家外贸公司当文员，每个月工资 3 000 元左右，可她每个月都花得光光的。瞧她的消费，每个月做头发 200 元左右，到美容店洗脸香薰按摩健身最少也要 400 元，买条名牌裙子就要近千元，再加上其他服饰消费，结果，她每个月一分不剩，还得省吃俭用。这种月光族的城市未婚白领还真不少。她们中的不少人还振振有词："不把自己包装得漂亮一点，怎么能钓到金龟婿？没有金龟婿，怎能有个好未来？单靠自己那几两银子，每个月不吃不喝都买不到半平方米的房子，这未来蓝图如何构筑？"

分析：把自己的未来寄托于找个有钱老公，平时把自己的财力都用在穿衣打扮和美容上，却忽视了个人创造、积累财富能力的提高，这样的女性是非常不理智的。俗话说"伸手要钱，矮人三分"。许多女性凡事都依赖老公，认为养家糊口是男人天经地义的事情，但长此以往，必然会受制于人。作为女性，应当掌握一些理财方法，提高自己的生存能力和生存技能，不要把所有的希望和寄托都放在男人的身上。女性朋友要自尊自强，要学会用自己的实力积极地进行理财投资，从而实现自己人生的跨越式发展。另外，也只有这样女性朋友将来才能与老公平等对话。

2. 不要只求稳定不看收益

陈菁是个传统的女孩，她每个月领了工资，除了必要的开支外，都把它存在了银行里，准备将来买房子。结果，几年过去了，别的同事小日子过得红红火火的，她的存款仍然不足以支付买房的首付款，因为房子越来越贵了。

分析：女性朋友因为自身生理和心理的特点，在理财的过程中常常缺乏冒险精神，总是把目光集中在稳定上而忽视了投资的最关键问题：收益。因此，很多女性在现实生活中往往把储蓄作为理财的主要甚至是惟一的渠道。这种理财方式虽然相对稳妥，本金相对来说不会受到损失，但是随着物价的上涨，存在银行里的钱其实无形中已经"贬值"或是"缩水"。比如，你往银行里存 1 000 元定期 20 年，20 年之后，虽然你在拿到本金的同时还能够拿到一定的利息，可是在时间的概念上，这 1 000 元的价值已经无法和 20 年前的 1 000 元相提并论了。所以，女性一定要更新观念，充分认识投资理财的含义。风险总是与收益并存，如果女性朋友只是注重稳定，一味地规避风险，那么高收益也就与你擦肩而过，投资理财的目的也就不可能达到。因此，女性朋友一定要积极寻求既相对稳妥、收益又高的多样化投资渠道，比如开放式基金、炒汇、各种债券等等，以最大限度地增加家庭的理财收益。

3. 不要被人牵着鼻子走

阿华阿姨人缘极好，家里常常高朋满座。有时朋友说谁谁赚得很多，阿华就很心动，也想跟着他们学着去做这方面的生意。上饭馆吃饭她总是看哪家人多就去哪家。人多就证明很多人都比较看好，大伙的意见基本上不会出现太大的错。在阿华的观念里，跟着大众的脚步就永远不会吃亏，即使是偶尔吃一次亏，她的心理也不会有多大的波动，因为她感觉大家都吃了亏。在投资理财上，阿华阿姨也是采用这样的理财观念，喜欢跟着别人的脚后跟走。前一段时间，看到姑姑、舅舅、妹夫等周边的人都在热买六合彩，阿华也狠下心投入几万元，梦想着 42 倍的返还，结果是竹篮打水一场空，全损失了。此前，她跟人家买外围体彩，几千元也是如黄鹤一去不复返。

分析：平时许多女性在理财和消费上喜欢随大流，常常跟随亲朋好友进行相似的投资理财。比如，听别人说参加某某项目收益高，便不顾自己家庭的风险抵御能力而盲目参加，结果造成了家庭资产流失，影响了生活质量和夫妻感情；有的女性见别人都给孩子买钢琴或让孩子参加某某高价培训，于是，不看孩子是否具备潜质和是否喜欢，便盲目效仿，结果最终收效甚微，花了冤枉钱。殊不知，投资理财是一项具有个体性的特殊活动，并不是说有的人在这个领域赚了钱，你投资这个领域就会赚钱。投资理财要善于根据自己的实际情况和风险收益比率，慎重选择真正适合自己的领域。

4. 不要被会员卡蒙蔽了双眼

小兰是爱美一族，但是，她是属于会过日子的女人，买菜购衣，样样比别人买的实惠，又好又便宜，几乎所有的伙伴都视她为理财榜样。她有一个特点，喜欢买会员卡。那天，她听说做一次头发要 200 元，而每月做一次、一年 12 次还送 12 次按摩才要 1 500 元，她就买了一张卡。不久，她去了一家档次非常高的美容店，那里的香薰按摩非常到位，每次 500 元，如果每周一次、一个月 4 次就要 2 000 元，而办一张年卡才 10 000 元，于是，她喜滋滋地又买了张年卡回去。到家她得意地跟老公汇报说，为他省了 14 000 元，老公也直夸小兰有理财头脑。

分析：现代女性对各种会员卡、打折卡可谓情有独钟，几乎每人的包里都能掏出一大把各种各样的卡。许多情况下用卡消费确实会省钱，但有些时候用卡不但不能省钱，还会适得其反。有的商家规定必须消费达到一定金额后才能取得会员资格，如果单单是为了办卡而突击消费的话，那就起不到省钱的效果了。有时，商家推出一些所谓的"回报会员"优惠活动，实际上也并不一定比其他普通商家省钱，只是一种吸引消费者的手段；还有一些美容、减肥的会员卡，他们以超低价吸引你缴足年费，可事后要么服务打了折扣，要么干脆人去楼空，让你的会员卡变成废纸一张。所以，女性朋友在办理一些会员卡、打折卡等优惠卡的时候，一定要保持理性，不要让一时的优惠蒙蔽了双眼，做出错误的判断，给自己造成损失。

5. 不要轻信"高收益"产品

王女士已经是第 N 次踏进这家外资银行了。"每次都是来评理和投诉的"，王女士这半年来有着说不出的郁闷，"当初我是这里的贵宾级客户，银行给我配有专门的理财经理，出于对他的信任，我在他的推荐下购买了这款金融衍生产品，他告诉我这款产品的收益率很高，尽管我看不懂那上百页的产品说明书，但还是相信了他的话在购买文件上签了字。之后，不到一个月，我的账户损失 30 多万元，接着是一连串的亏损……"在现实生活中，像王女士这样的女性不在少数，但这样的投诉在"签字同意购买"之后往往是无力无效的。

分析：金融复杂衍生产品往往有上百页的产品说明书，而风险提示可能在最后几十页里。不少投资者根本看不懂理财产品的设计结构，也不了解衍生产品的潜在风险，所以在作决定时往往只凭借理财经理的一面之词就信以为真，从而使自己的资金遭受不必要的损失。所以，女性朋友在购买"高收益"产品的时候，一定不要只把眼光放在"高收益"上，你一定要明白，高收益的背后就是高风险，在购买这些理财产品时一定要对风险有一个客观的认识和评价，充分结合自身的抗风险能力以及市场的变化做出理智的决定。

理财有诀窍，要学会瞻前顾后

理财是一种充满智慧的活动，在理财的时候，如果我们缺乏全面的考虑，没有对自己以及理财产品的全面把握和认识，就会在投资理财的过程中遭受巨大的损失。因此，理财需要我们瞻前顾后，该想的要想到，该做的也要做到，这样，理财收益才能成为保证你一生舒适的坚强后盾。那么，一个合理的综合理财方案是如何诞生的，又该遵循什么样的原则呢？以下几个秘诀正是理财最需要注意的问题。

1. 量入为出

量入为出是投资成功的关键。女性朋友在投资理财的时候，一定要充分考虑到自己的客观实际和承受能力，一定要量入为出，合理规划自己的投资方向。如果你有工作，每年的定期储蓄最好把握在 10% 左右。另外，特别是一些高风险的投资，女性朋友一定要综合自己的资金承受能力，适度适量地进行投资，切不可为了获得高收益而盲目地投入，否则一旦出现问题，后果将十分严重。

2. 充分重视退休金账户

退休金是对自己人生的一种保障，留足足够的退休金你才能在退休之后依旧保持高品质的生活质量。如果你还在职，毫无疑问，每年都应确保你个人的退休金账户有充足的资金来源。对大多数人来说，充实退休金账户是最好的储蓄项目。

3. 投资组合多样化

一般而言，年轻人可能想在股票市场上多下点注，而上了年纪的人则倾向于将钱投到储蓄和债券里。但理智的做法是让你的投资组合多样化，这样才能有效地规避不同投资带来的风险，给自己带来整体的高收益。组合化投资是一种积极的投资策略，通过对不同理财产品的投资可以有效地分散风险，降低出现风险时给自己带来的损失。所以，女性朋友们理财时一定要注意这种理财观念，不要把鸡蛋都放在一个篮子里。

4. 保持投资组合中高风险高收益工具比重

高风险与高收益并存。在女性朋友投资理财的过程中，保持投资组合中高收益理财工具的比重能够在更短的时间里获得更高的收益，从而达到理财的目的。一般来说，我们通常会鼓励年轻人在投资组合中保持较高的股票比重，因为年轻人的抗风险能力较强，而且他们有精力学习高风险的投资知识。投资股票既有利于避免因通货膨胀导致的储蓄收益下降，同时也能够在市道不利时及时撤出股市。投资股票最重要的两点：一是要有"止损"意识，接受亏损，及时止损退市；二是要克制贪心，不要在高点时还期待更高点。

5. 投资应注意整体收益

当女性朋友进行组合投资的时候，应该把眼光放在整体的收益上，不要因为其中某一方面的收益影响了整体的收益率。这个原则对退休者来说尤其重要。这类投资者看重的往往是收益率，但如果单一品种的收益率增长是以投资组合总体价值的缩水为代价，那么，就可能引起危险的后果。

6. 在指数基金中建重仓

即使是市道比较好的时候，也可能因为选错了股票或者基金，从而出现别人赚钱你输钱的情况。为此，你可以考虑在指数基金中建重仓。因为指数基金中总是包括各行业的代表性的龙头股票，你不必费心挑选就可以分享经济成长的收益。

7. 避免高成本负债

避免负债的关键是要处理好信用卡透支问题。我们常常会在手头紧的时候透支信用卡，而且往往又不能及时还清透支，结果是月复一月地付利息，导致负债成本过高。

8. 制订应急计划

在生活中，常常会出现一些意外情况需要我们紧急调动资金，这个时候你就需要有一笔专门用于应急的资金储备。这笔钱不但可以用来支付小额预算外的开支，还可以用来应付看病等大笔费用。所以，女性朋友，制订理财应急计划对理财也是非常重要的。

9. 顾及家人，扶老携幼

如果家里还有经济上不能自立的家庭成员需要你提供经济支持，你应该为他们做一个保障计划，主要就是为这样的家庭成员购买保险和进行专门独立的额外储蓄，以免在你出意外时他们无法正常生活。

总之，理财是一个系统工程，女性朋友要想达到良好的理财效果就要学会瞻前顾后，就要树立科学恰当的理财观念。唯有如此，理财才能真正落到实处，展现效果。

学会记账，让理财更加轻松

记账是理财的第一步，学会记账可以让你对自己的收支状况有一个清晰明确的认识，从而有效地指导你下一步的投资理财。在现实生活中，大多数人理财往往也都是从记账开始的，记账是理财中非常基础但也非常实用的方法。记账一定要有分类的概念。什么是分类？简单地说有两项：区分每月增加的钱到底是"收入"还是"借款"；区分每月减少的钱到底是"支出"还是"投资"。

即使是记流水账，这样记也会更好些。收入：多少元，具体是什么收入写清楚；借款：多少元，具体是什么借款写清楚，记得还款要用负数表示在这里；支出：记录日常开销的，比如旅游，买衣服、护肤品等，日常聚餐等；投资：每月还贷款、买债券、买基金等，如果亏了，记得用负数记在这里。

每季度或者每半年把收入的钱减去支出的钱用于投资里。

坚持记下去，什么时候想看看理财成果了，就看看投资里的钱比期初增长了多少，然后，看看借款增加了多少就清楚了。例如，一个季度你发现投资的钱增加了，而借款没有增加，很清楚，理财是有效果的；反之，则是失败的。如果理财失败了，就要分析失败的原因。如果是因为本季度收入小于支出，入不敷出，看看可否削减开支，如果不能，看看是否可以增加收入。如果收入和支出都不能变化，而是投资本身的失败，那么，检讨一下是否因为冒风险太大了。如果自己年轻，愿意冒风险，那么，理财初次失败是可以接受的；如果不是冒风险，而是盲目投资失败，就需要及时地检讨自己、反省自己，从失败中吸取经验和教训，切不可一错再错。

下面介绍如何利用 EXCEL 打造一个适合自己的理财表格。在 EXCEL 表格中划出 7 栏，分别是日期、事项、收入、借款、支出、投资、合计。日期按流水记录，初涉理财应该养成每天记录的好习惯；事项，可以先写得简单明了一些，比如买衣服，支付电费、水费等等。

此外，理财重要的一点，就是熟悉自己的家庭。现在，我们以普通家庭月收入 4 000 元举例。

1. 设置预算：假设房贷为 1500 元，由于每月房款超过全部收入的 1/3，那么，日常开销应控制在 1500 元左右，包括米油盐基本开销，还有电话费、手机费、水电费、日常请客吃饭等全部开支。

2. 仅余 1000 元，做风险较大的投资是远远不够的，那么，如何理财呢？应该每月考虑拿出 200 元购买家庭保险，选择年交（大约每年 2400 元）的，侧重保大病死亡等非常不容易碰到的，因为，基本保险由单位提供了。这些支出就不要考虑收回了，作为特殊支出。

3. 再拿 500 元每月作为特殊投资，比如智力投资、进修等。每月 500 元，全年 6000 元。这些之所以为特殊投资，是因为它们的收益很大。另外，这 500 元每月可以货币基金的形式保存，这样可以随时动用，收益还不收利息税。

4. 只剩下 300 元，太少了，很多人都会这么想。其实，你可曾知道，基金定投的起点只要 200 元。300 元参加基金定投完全可以，那么，这笔钱可以记入投资。一年后你也许发现自己已积累 4000 元钱了，到时再加上年终分红，也是一笔丰厚的收入。

上面的例子有一个漏洞就是把现金全安排出去了，甚至有些是不好轻易动用的，比如保险、智力投资。如果碰到一点点意外情况，那该如何应对？

下面提供一个解决办法：办理一张信用卡。平时学会把日常开支可以刷信用卡的就刷卡，但要记得记账，这些开支是作为支出记入你的理财账本的。比如去超市购买日用品、去商场购买衣服都尽量刷卡，但一定要记账。

信用卡起的作用是：把现金沉淀下来。账你照记，因此，你的开支账上必然已经记录支出了，所以，每月只要控制一下开支账的赤字，而你的卡上还是有现金的。如果临时急用，运筹得好，一个月 1000 元是可以周转的。

用信用卡的另一个经验之谈，是把你的信用卡和银行卡绑定在一起，用银行卡自动划账还款功能还信用卡的开支，好处是：免了银行卡年费；不用担心忘还信用卡的欠款被罚。

月收入 4 000 元的家庭注意不要用太多的信用卡，最多每人 1 张，多了很容易控制不了。

理财，并非设计一个非常专业的计划让每个人往里套就行了，更多的是一种方法。也许你按上面的计划，坚持不到一个月就发现不行了，超支了，根本做不下去，但你至少可以明白超支在哪里。

大多数刚接触理财的人都对理财似懂非懂，所以，起步的引导尤为重要。其中，记账就是一个良好理财的开始，在记账的过程中如果不会分类，眉毛胡子一把抓，起初你有兴趣时也许还可以，但是时间稍微长一点，你就分不清是赢利还是超支，就会丧失理财的信心。所以分类记账对女性朋友有效明晰自己的财富状况是非常有效的。

理财有术，成就新婚夫妇的美满生活

理财是一种长期观念，更是一种长期的积累和储备，如果在生活中你缺少理财观念，没有理财意识，那么当你需要用大额资金的时候，你就无法从容应对，使自己陷入尴尬和困惑的窘境。

新婚的张女士的家庭月收入接近 2 万元，但在要买房时却仍然发现自己毫无积蓄。其实，这很大程度上是因为张女士不懂理财的价值和意义，没有掌握理财的正确方法。所以，作为新婚夫妇，一定要注重培养自己的理财观念和理财能力。唯有如此，幸福美好的生活才能如期而至。

具体来说，女性朋友们可以从以下几个方面对自己的钱财进行规划和安排。

一、新婚白领不敢买房：攒钱应有术

张女士是一家保险公司的业务员，先生是一家广告公司的高级管理人员，结婚后二人暂时住在赵先生公司提供的单身宿舍内。两人的家庭月收入接近 2

万元，但婚后他们却毫无家庭积蓄。而这时，赵先生有了跳槽的打算，单身宿舍快住不成了，于是，两人便打算贷款买房。

房子看好了，拥有高收入的他们是银行的优质客户，贷款也应该没有问题。但是，要办理购房手续时，房产公司要求他们先交 10 万元首付款，不足部分才能办理银行按揭。二人竟然拿不出来。他们想了又想，其实他们半年左右就能挣到 10 万元，但是现实是基本上没有什么积蓄。再看周围和他们同等收入的朋友，大家都有了属于自己的房子，有的还买了私家车，而他们却"沦落"到了连买房首付款都付不起的地步。张女士颇有感触地说："我们还打算明年要孩子，可这样下去有孩子恐怕也养不起！"最后，两人一起求助于银行理财专家。

理财专家通过对其消费情况的综合分析，发现他们成家以后，依然保持着婚前"小资"的消费习惯。比如，先生习惯下班时买鲜花送给太太，一个月下来就是一笔不小的开支；另外，两人很少自己动手做饭，附近的饭店都吃遍了；先生换手机是家常便饭，太太的衣服也是今天买明天扔……钱就这样在不知不觉中流失了。理财专家由此给了他们如下建议。

1. 建立理财档案，掌握资金状况

作为家庭主妇的张女士首先应建立理财档案，对一个月的家庭收入和支出情况进行记录，然后，可对开销情况进行分析，哪些是必不可少的开支，哪些是可有可无的开支，哪些是不该有的开支，特别要注意减少买花、盲目购物、下馆子等消费。另外，张女士也可以用两人的工资存折开通网上银行，随时查询余额，并根据存折余额随时调整自己的消费行为。

2. 强制储蓄，逐渐积累

可以先到银行开立一个零存整取账户，每月发了工资，首先要考虑去银行存钱。如果存储金额较大，也可以每月存入一张一年期的定期存单，那么，第二年以后，每月都会有一笔到期的存单可供提取，如果到时并无他用，还可选择继续定存，这样既便于资金的使用，又能确保相对较好的利息收益。另外，现在许多银行开办了"一本通"业务，可以授权给银行，只要工资存折的金额达到一定数额，银行便可自动将一定数额的活期存款转为定期存款。这种"强制储蓄"的办法，可以使张女士及先生改掉乱花钱的不良习惯，从而不断积累个人资产。

3. 尽快买房，主动投资

张女士的家庭经过一段时间的储蓄，达到了购房的首付目标，这时，就应尽快办理按揭购房。作为白领，居有其屋是一个起码的生活标准，张女士和先生可以买一套商品房，这样，每月发了薪水首先要偿还贷款本息，减少了可支配资金，从源头上遏制了过度消费，同时，还能享受房产升值带来的收益，可谓"一举三得"。

二、新婚夫妇：联合账户看准渠道好投资

李女士和其先生均是公务员，结婚前单位就分了一套二居室的房子，两人的家庭月收入在 8000 元左右。结婚的费用都是双方父母掏的，所以，婚前个人的积蓄就成了家庭的第一笔"流动资产"。婚前李女士有存款 4 万元，其先生有 6 万元。先生的钱多，他便建议谁的钱归谁管，实行 AA 制；但李女士认为财产合并是婚姻开始的标志，所以，应将两人的存款全部由她这个"内当家"集中管理。因两人意见不一，并且对婚后如何理财一无所知，他们便想听听理财专家的意见。

理财师建议，现在 AA 制虽然受到许多家庭的追捧，但对于新婚家庭来说，AA 制尚不是时候。一是中国人有婚后集中理财的传统；再一个是两人需要进行理财的"磨合"，如果集中理财的效果不好，可以实行 AA 制，但如果一方能把家财打理得井井有条，那这个家庭还是实行集中制比较合适。李女士可以和先生商量，先设一个"联合账户"，由擅长理财的一方进行打理，另一方可以提出一些理财的建议，这样运行一段时间试试。

李女士家庭的这 10 万元存款应当算是一笔不小的数目，但公务员的收入是固定的，考虑到通货膨胀及将来子女教育、提高生活质量等开支大的因素，这 10 万元资产如果不加以科学理财的话，将来很难做到高枕无忧。因此，李女士和先生首要考虑的目标就是最大限度地保证家庭财产的增值。

1. 寻求稳妥、能保值的理财产品

国债是所有投资渠道中最稳妥的理财方式，考虑其不缴利息税、提前支取可按相应利率档次计息等优势，国债应作为新婚家庭理财的首选品种。可以考虑将 10 万元存款中到期的或存入时间不长的办理支取，购买凭证式国债，或者到证券公司购买记账式国债，如今记账式国债的收益一般高于凭证式，比较适合家庭进行长期投资。开放式基金具有"专家理财、风险小、收益高"的特点，购买运作稳健、成长性好的开放式基金或具有储蓄性质的货币型基金会取得较高的收益。

2. 适当介入收益高的投资渠道

目前，我国股市日趋规范，市盈率不断降低，在这种投资环境向好的情况下，如果购买一些 10 元以下的通信、金融、能源等垄断和高成长行业的股票，必然会取得较高的回报。各银行推出了"汇市通""外汇宝"等炒汇业务，这种过去被认为是"投机倒把"的理财方式，现在已经给许多汇民带来了较好的投资收益。如果李女士和先生能通过合法途径换取外汇，可以到银行开户进行炒汇。因为国际汇市和我国存在时差，李女士和先生可以白天上班，晚上下班后在家里进行网上炒汇，这也算是给自己增加了一项兼职创收的"副业"，从而提高家庭的理财效率。

理财是一种生活的保障，树立理财意识掌握理财方法能够有效地保障我们生活的质量，使我们的生活朝着积极健康的方向发展。如果两人结婚之后，没有理财意识，就很难满足日益增长的家庭需要，就会给自己的生活造成不同程度的阻碍。相反，如果两人结婚之后，注重学习和掌握一定的理财技巧，用心去规划和运用家庭的钱财，那么家庭生活就会蒸蒸日上，两人的婚姻也会美满幸福。

高薪女性更要掌握高效益理财的策略

随着时代的发展，女性朋友的发展机会越来越多，在职场发挥的作用也越来越大。然而，她们压力也非常大，因此她们往往会忽视对自身钱财的规划和安排。特别是已经结婚的高薪女性，工作和家庭的双重压力总是会让女性朋友们感觉到身心疲惫。

妻子收入比丈夫高的家庭不在少数，国人戏称这样的家庭为"高薪太太穷丈夫"，并将女性称为"薪好"太太。然而，作为一个职业女性和母亲，30多岁的"薪好"太太在为家庭带来高收入、承受巨大职业压力的同时，还不得不分心照顾自己的小孩。在这样的矛盾挣扎中，作为高知女性的"薪好"太太只有懂得如何高效益理财，使已有的资金"活"起来，才能使已有的资金增值，产生更好的收益，从而减轻自己的负担，为自己找回一些轻松。

刘雪和李晖是时下的"高薪妻子穷丈夫"家庭。李晖在机关工作，每月的收入是税前 4000 元，而刘雪在一家外企担任广州区域的销售经理，每月收入达 8500 元，是李晖的一倍还要多。为此，李晖经常戏说刘雪是"薪好"太太，而自己则是一个穷丈夫。

刘雪和比自己大一岁的老公李晖是大学同学，两人在大学期间就是一对恋人。1994 年，本科毕业后的刘雪和李晖一起来到了广州高校做老师。当时，国内很多人工作后继续攻读硕士，刘雪和李晖也商量着先工作几年，准备一点积蓄后继续读书。于是，1996 年结婚后的刘雪和李晖一边工作存钱，一边复习备考。1998 年，刘雪考上了广州某重点大学，一年后，李晖也考入了这所大学。

2001 年刘雪硕士毕业后，喜欢挑战的她没有再回到高校教书，而是到了一家外企做销售。在短短的一年里，刘雪的勤奋和聪明得到了回报，第一年的年收入就达到了十几万元。2002 年，李晖毕业后顺利进入了机关工作。2002 年 3 月份，有了一定积蓄的刘雪按揭了一套 90 平方米、三室两厅、打折后为 43 万元的房子，首付 9 万元加上装修，刘雪第一年的积蓄 12 万元就花完了，另外向银行贷款 34 万元，月供为 2200 元，按揭 20 年。

第一次欠银行那么多钱，又担心银行加息，刘雪觉得压力很大，加上自己和李晖都没有别的投资意识，于是就选择了将每月盈余的钱交给丈夫存起来，存到一个整数后就去还银行的贷款。在 2002 年 3 月到 2005 年 2 月期间，刘雪先后到银行办理了 4 次提前还贷手续，每次归还的金额分别为 5 万元、5 万元、10 万元以及 14 万元，终于还清了房贷。

刘雪和李晖在工作之初本想着做快乐的丁克一族，但是，在双方父母施加的压力下，以及看到幼儿园的孩子如此可爱，刘雪决定自己也要一个孩子。2004年9月，34岁的刘雪生下了可爱的女儿李月。但是，刘雪却感觉内心极为矛盾和痛苦，她说："我是个对工作极其投入的人，在没有孩子的日子里，我在工作上一直是游刃有余的。但是，自从有了孩子后，我不得不多留点时间给孩子。每天，我回到家都会尽量陪女儿玩耍，陪她说说话哄她睡觉。然后，等她睡了再继续做自己的工作。刚开始时，我很享受这种工作和家庭带来的满足感，但是时间一长，我感觉自己就像一个走钢丝的人，无法平衡工作和家庭的关系。我无法全心全意地投入将工作做到完美，我也无法将女儿照顾到最佳的状态。"

刘雪出生于知识分子家庭，深深懂得孩子的早期教育对孩子成长的重要性。因此，在李月7个月时，刘雪就将她送到早教中心去接受教育，平时则由孩子的爷爷奶奶来负责。但是，刘雪还是感觉对孩子的付出太少了，她说："我觉得自己现在挣的钱是有限的，但是，我在孩子幼小时的陪伴时间是无价的。我想多花一些时间来关注她的成长。"但是，刘雪的工作和肩上的担子决定了她没办法抽出更多的时间来陪伴孩子。

在外企担任高管的日子里，刘雪所承受的工作压力也很大。刘雪意识到虽然自己可以拿一份高薪，但是，自身的发展却已经到了瓶颈阶段。而丈夫李晖则正处于事业的发展期，这几年对他来说尤为重要。刘雪的想法是："很多人认为像我这样的高收入太太，应该继续努力发展拿更多的钱，让丈夫来多关注家庭。但是，我觉得拿更多的薪水，意味着要承受更大的压力，这不是我想要的生活。我觉得在这几年，应该为丈夫、孩子多付出一点。"权衡再三后，刘雪决定在7月合同期满时辞去这份高薪工作，换一份清闲的工作，从而让自己可以自由地把握生活的节奏，有更多的时间来陪伴孩子的成长。

目前，刘雪每个月的工资为税前 8500 元左右，其中 900 元存入公积金中；而丈夫李晖的月工资为税前 4000 元，其中 1100 元存入公积金中。家里每个月的全部开销基本为 4000 元左右，单靠李晖的收入尚不足以支撑整个家庭的支出。而在家庭的年收入中，刘雪的收入为 12~15 万元，而李晖的收入为 6 万元。刘雪简单估算了一下，每年家庭的基本生活支出为 7 万元（包括孩子的教育支出），自己购买服装、化妆品等支出为 2 万元，保险费用 2 万元，总支出为 11 万元。一番计算后，刘雪意识到自己的转型会使家庭的收入大大减少，而靠李晖一个人的收入以及存款是很难保障自己一家今后的幸福生活。于是，刘雪决定通过理财调整自己的财务状况，提前为自己的转型做好准备。

有了理财意识后，刘雪为自己购买了保障额为 40 万元的友邦至尊宝万能险，其中寿险 20 万元，意外险 20 万元；为丈夫李晖购买了保障额为 40 万元的友邦如意意外险；同时，刘雪还为女儿李月购买了保障额为 5 万元的寿险和 5 万元的意外险。刘雪认购了 6 万元的股票型基金，购买了 2 万元 3 年期的凭证式国债，并将原来的 7 万元定期存款续存一年。

目前，刘雪一家的资产状况为：一套目前市场价值 60 万元的自住房产，6 万元的股票型基金，2 万元的凭证式国债，7 万元的定期存款，3 万元的活期存款，2 万元的公积金存款，一年定期的 2000 元美金，保障额 90 万元的保险。

另外，刘雪的理财需求如下：

1. 对于以前作的理财策划，初学理财的刘雪不知道是否合理，若有不合理之处，希望理财师重新规划指导。

2. 这些年来，刘雪一直处于高度紧张的生活状态中，精神压力很大。因此，刘雪想针对自己的年龄和职业购买一份保障型的女性险，而且，最好是到期后可以归还本金的那种。丈夫李晖只买了一份保障额为40万元的意外险，刘雪想为他再选择一份合适的寿险和医疗险。

3. 刘雪是个喜欢看书的人，她想在明年7月后开一家网上书店，或者是投资一间商铺开一家书店，请员工来经营。从现在到明年7月，刘雪估计自己一家可以将现金积累到30万元左右。但她不知这笔钱是否足够自己开书店，想请理财师帮忙规划一下，以及提示一些开店风险。

4. 从小就有一个钢琴梦的刘雪想为女儿购买一架上好的钢琴，自己跟女儿一起学钢琴。刘雪想通过投资提前准备好钢琴费用以及学琴的开支。

5. 由于丈夫李晖的收入不够家庭的支出，为了保障转型后3年的生活，刘雪希望重新调整自己的闲散资金，如7万元的定期存款，3万元的活期存款，2万元的公积金存款，一年定期的2000元美金，另外，现在每个月家庭除去开支还有近6000元的结余，刘雪希望利用这些资金取得较好的投资收入。

理财师建议：刘女士和李先生现在还非常年轻，事业稳定而且已经完成了成家、职业成长的人生大事，在今后一个相当长的时间内，他们的家庭将会处于一个相对的稳定期。这一阶段无论是对刘女士和李先生，还是对他们家庭的理财规划来说，都是一个非常重要的时期。作为家庭主要收入来源的刘女士，计划在明年选择回归家庭，做"新全职太太"，对家庭的收入结构将是一个很大的挑战，所以，应采取一些积极进取的策略进行理财，增加投资性的收入，使家庭财产实现快速增加，并使家庭收入来源实现多样化，增加抵御家庭的收入风险和通货膨胀风险的能力。选择的保险需根据不同保险公司的具体保险产品而定；开书店的具体事宜也需咨询专业人员。

增强理财技能，做好家庭的"财务部长"

女性朋友在结婚之后，由于其先天心理细腻的优势，往往在家庭中扮演着"财政部长"的角色。但是随着家庭财富的增加以及理财渠道和理财方式的日益增多，女性朋友具体运用什么样的理财方法，购买什么样的理财产品，进行怎样的理财规划就显得有点力不从心，无法招架了。因此，在现代社会中，女性朋友要想成功地理财，扮演好"财政部长"的角色，就需要对理财市场有一个准确全面的把握，选择最理想、最适合、最有价值的理财方式。

在这里，银行的理财专家特别为女性理财支几招，使其成为巧用各种金融工具的时尚理财主妇。

1. 定期定额投资抵御市场起伏

李太太作为一位新"基民"，手头上有不少的闲钱，"逢低吸纳"的操作原则早已牢记在心，可是根据投资经验，李太太很多时候无法正确推断市场的走势，也几乎不可能一直低价买入基金。所以，银行的理财专家建议，对于李太太这样的投资者来说，最好的方法是避免在市场高峰期投入全部资金，不妨选择定期定额投资，采用分散时点的办法分散风险，从而获得整体的高收益。

定期定额购买基金的复利效果长期可观，也完全不用考虑投资时点，无须为股市短期波动改变长期投资决策，为女性朋友养成有规律、有系统地投资理财创造了条件。

目前，我国银行中大多都拥有基金定投产品，在选择基金定投组合时，可以根据投资时间的长短、可承受的风险能力配置不同类型的基金，满足不同的理财目标需求。

2. 在稳健理财中获享理想收益

对于理财，在现实生活中很多女性往往采取的是保守型投资策略。近年，股市一直处于震荡调整的阶段，在合理控制股票以及股票基金投资比例的同时，银行也为广大投资者提供了丰富的选择。如工行不定期发行的"珠联币合"系列理财产品，提供本金保证，而收益取决产品挂钩对象的表现，这类产品的挂钩对象既有汇率、黄金，也有国外的股票指数或股票，是广大投资者未来锁定收益的选择。

另外，提醒广大投资者：对要购买的理财产品一定要了解清楚明白，不要在自己不了解情况的情形下盲目购买一些看似具有高收益的理财产品。

3. 教育储蓄投资下一代

随着孩子上学费用的日益增加，"学费准备金"的预备工作也越来越提前，银行专家建议适当考虑教育储蓄。

教育储蓄是指个人按国家有关规定在指定银行开户、存入规定数额资金、用于教育目的的专项储蓄，是一种专门为学生支付非义务教育所需教育金的专项储蓄。教育储蓄采用实名制，开户时，储户要持本人（学生）户口簿或身份证，到银行以储户本人（学生）的姓名开立存款账户。到期支取时，储户需凭存折及有关证明一次支取本息。

所以，教育储蓄是一款针对学生推出的享受定期储蓄利率的零存整取储蓄品种，并可免征储蓄存款利息所得税。

此外，作为长期性、低风险的理财产品，国债也可以成为家庭理财中的"防守型"理财保障，个人和家庭投资都可以考虑配置一定比例的国债，或者与风险性较高的其他理财产品搭配购入，以备不时之需。

会理财，才能做一个称职的母亲

人们都说"母爱是伟大的"。的确，母亲以各种各种的形式和渠道表达着对子女的爱。其中，一个会理财的母亲对孩子来说是幸福的，她能为孩子和家庭提供有保障的生活，她能让孩子的人生有一个良好的开始和完美的历程。

有人说，男人决定一个家庭的生活水准，女人则决定这个家庭的生活品质。抛开前半句不谈，我们来感受一下作为女主人的母亲在家庭中所起的作用。平时经常可以看到，两个收入水平和负担都差不多的家庭，生活品质有时候却相差很大，这在很大程度上跟女主人的投资理财能力有关。

现在当一位称职的母亲，善于持家的基本内涵已不是节衣缩食，而是懂得支出有序、积累有度，在不断提高生活品质的基础上保证资产稳定增值，这就需要掌握一些必要的投资理财技巧。

一、善买保险：为家人遮风挡雨

女人一旦进入母亲这个角色，天生的母性就会发挥得淋漓尽致，忘我、无私，为了孩子和家人愿意奉献一切。也许正是瞄准这一点吧，很多保险代理人把目光瞄准了母亲。他们的这一策略不能说没有道理。现实中，很大比例的家庭保单都是女主人充当了投保人，而被保险人却往往不是她们，而是她们的子女、丈夫。

1. 保险不是一般商品，先给孩子或只给孩子买保险并不是体现爱心最好的方式。买保险首先要考虑给家庭经济支柱（也许是作为母亲的你，也许是他）上足保障，这样，一旦出险不至于使家庭收入骤降，影响子女成长和正常生活。

2. 要根据情况适当为自己投保，比如选择一些专门针对女性重大疾病的保险。为自己买保障，又何尝不是为了家庭和孩子的幸福。

3. 给孩子买保险，建议首先考虑少儿意外险（孩子上幼儿园后买学平险即可，保费低廉实惠）和医疗保险。一般的医疗保险每年缴两三百元，保险期间孩子的医疗费用就能得到报销。

二、积累教育金：为孩子成长铺路

孩子的教育目前已成为家庭理财目标的重中之重。有的家庭虽然没有明确的理财计划，但自然而然地就会从孩子出生起改变消费习惯，尽量多存钱。有的家庭则很早就有意识地制订储备教育金的计划，通过组合投资方式实现教育基金保值增值的目的。在目前利率水平很低、尚未摆脱负利率阴影的境况下，单纯存钱显然难以应付教育资金多年后缩水的风险。

1. 金钱是有时间价值和复利效应的，越早开始积累就越轻松。因此，建议及早规划，长期坚持投资。这样，一则可以防止原本用于教育的基金被随意"挪用"；二则细水长流，不会对平时生活带来太大影响。

2. 聪明的母亲不光会存钱，还善于运用多种投资方式达到目标。一般来说，如果孩子年龄不小了，距离使用教育基金的时间不太长，就不要指望这笔钱投资的收益率有多高，选择投资途径的标尺是安全稳健、期限与用钱的时间相匹配。如果孩子很小，则那些适合中长期连续投资的方式都是可行的，比如少儿年金保险、定期定额投资基金。

三、修炼理财功课：为家庭创造品质生活

耳根软、易跟风是女人的通病，这在投资理财上可不是什么好事情。有一位女士，有一年糊里糊涂跟着熟人买了几十万元的分红保险，还以为那种"存款"的"利息"很高，结果分红不理想、后悔不迭而耐不住退保，损失惨重。因为各家的情况不一样，风险承受能力不等，要实现什么生活目标也不尽相同，选择投资理财产品必须对它的风险收益特点有所了解，并要根据自家情况选择。因此，树立"投资有风险"的意识是各位习惯感性思维的母亲要修炼的理财第一课。

已为人母的女性因为要考虑家庭的方方面面，最好请一个专业的理财人士帮助，做出全面、周全的理财方案，然后，可以结合家庭状况具体实施。简单地说，应该从健康医疗、子女教育、退休养老等三方面，为自己作理财规划。如果参加炒股、买卖外汇等风险性投资，建议使用资金不宜超过家庭收入的1/3。

明确家庭主妇的理财原则

理财是所有家庭都必须要面对的一项工程，尤其是对掌管着家庭财权的家庭主妇们来说，理财在生活中已经不知不觉地占据了十分重要的位置。从最初一无所有到现在略有储蓄，从解决基本的衣食住行到有所投资。其实，理财和生活一样，都需要从长计议，要想成为投资理财高手，造就幸福美好的生活，首先就要了解家庭主妇的理财原则，就要明确家庭主妇高效理财的方法。

理财说复杂很复杂，说简单也简单。家庭主妇的理财原则是：细心理财、开源节流、勤俭节约、量入为出。家庭主妇只要了解了这些理财的原则，就会发现生活在慢慢地发生着变化，生活会变得越来越好，越来越富足。

将每月收入做好支出计划，这是家庭理财至关重要的一环。家里每月除留下必要的生活费外，剩余部分应全部拿来作为家庭基础基金。每月都要做消费预算，比如，列出当月的必要开支，如水、电、燃气、伙食费用开支及年度的有线电视费、取暖费用等；再留少部分其他开支，如人情来往、换季需要添加的衣物等等（虽然增添衣物这样的事，不是每个月都要固定发生，但必须都打在预算里），这样，每个月手头就不会那么紧张，计划得好经常还可能略有节余，自己也会觉得很有成就感，很满足。

日常开销要坚持记账。可以不用记得那么专业，只是流水账而已，但每天都要记。这样，一个月过完盘点时，才能发现自己是否有因一时冲动而购买的物品，也算给自己提个醒。不是说女人最好不要冲动购物吗？咱要努力不做那样的女人！给自己列一份"家庭财务明细表"，对于大额支出，超支的部分看看是否合理，如不合理，在下月的支出中可作调整。有了总结，下个月行动时也会有所约束了。

家庭主妇大都喜欢逛街购物，这是难免的。既要满足自己的消费乐趣，也要适当控制自己的消费欲望。在购物时不只以时尚消费为主，还要根据自己的收入和实际需要进行合理理财，避免"财政赤字"。每季要先将家里所需的日用品、服装等等清点一次，等商家换季打折时再主动出击，有规划购物，不做盲目抢购。每次逛街都少带一些现金，也不要让自己随意用卡消费。

每月储蓄的办法是做到把工资的 1/3 或 1/4 固定纳入家庭储蓄计划。考虑到孩子将来上学的费用，在他上幼儿园时，就要办理零存整取储蓄，每月储蓄三四百元，虽只占工资的一小部分，但三年下来就有不小的一笔资金，足够他小学阶段的入学费用了。孩子上小学后，每年存 5000 元定期作为孩子的中学求学基金。剩余的钱积零成整，可以用来添置一些大件物品，如电脑等；也可作为个人"充电"学习，及每年家庭旅游等项目的支出。

对于计划外的大额收入，比如过年过节时的分红、奖金一类数额较大的收入，不要存在一张定期存单内，而是分成 3000 元、5000 元和 1 万元若干张，需要时只用其中一张存单就可以了，总之，动用的存单越少越好。

此外，还要尝试着把一半积蓄放在国债和保险上，这些钱的作用不是增加收入，而是保本。国债每年都会发行，利息虽然与银行同期储蓄利息差别不大，但不用交那 20% 的利息税，家里有部分钱在短期之内用不到时，这个自然就是首选了。因为世事难料，也因为医疗费用居高不下，因此应当给你先生和自己都购买重大疾病险和意外伤害险。只要家里的经济支柱不倒，那么，每月的经济来源就有保障，理财计划也可以继续按步实施，所以，买份保险至关重要。一旦出现意外，也能给家人多一份保障。

家庭主妇理财要有规划

现在的大多数女性，在家庭生活中往往担任着"理财师"的责任。所以，女性朋友们，作为妻子和母亲就一定要学会理财规划。这样，女性朋友们才能给孩子和家庭一个美好的未来，一个崭新而亮丽的开始。

郭女士的丈夫在新西兰已经奋斗 5 年，经营多家连锁店，生意红火，40 岁的郭女士决定前往新西兰与先生共同创业，把女儿留在国内读大学并住校。她希望在安顿好女儿的同时对她的经济状况加以控制，而且还要使国内资产保值增值。郭女士如何做才能达到她的理财目标呢？

目前，郭女士的资产主要是外汇存款、活期存款和国债，且有三套房产。郭女士的理财目标为：一是培养女儿上大学；二是建立安全的投资组合，在保本的基础上提高收益率。

理财师建议郭女士应该首先购买保险产品。郭女士工作繁忙，最大风险来自于个人状况，40 岁是女性疾病高发年龄段，建议郭女士购买一份重大疾病保险以补充社会保险的不足，且郭女士将长期在国外和丈夫打拼，难免会有风险，为了保障未来的良好生活水平，还可以选择意外伤害保险产品。总体投资份额可以在 10 万元左右。

郭女士的女儿处于上大学的阶段，其教育费用可由房产租金作为日常生活费，这可以达到收入稳定且易于管理和控制的双重目的。

在个人投资方面，根据郭女士的个人状况，郭女士是属于轻度进取型的投资者，因此，理财师建议确定基金、保险、银行存款、银行理财投资比例为3∶2∶2∶3，可以很好地规避通货膨胀风险。

这样一来，郭女士既可以解决女儿的生活费问题，又能将现有的现金、资产有效地分散投资在不同领域，在控制风险的同时，也实现了资产的高收益。

学会当家理财，我的"钱程"我做主

投资理财在某种程度上是一个逻辑的概念，学会当家理财，是每一个家庭主妇必修的课程。学会当家理财，作好理财规划，把"钱程"掌握在自己的手里，就能够有效地提高家庭生活质量，成就幸福美满的人生。

理财案例：张女士现年 36 岁，是国家公务员，丈夫开了一家高科技公司，儿子 8 岁。张女士每月税后工资约 6000 元，住房公积金 2800 元。丈夫公司每年利润在 40~50 万元。家庭生活支出每月约 4000 元。自住房一套，面积 132 平方米，现价 130 万元左右，每月按揭 2700 元左右，用张女士的公积金支付。另有一套 80 平方米的小房，每月租金 2000 元。黄金约值 10 万元，存款 5 万元。最近几年，张女士和丈夫之间颇多纠纷，眼看着家庭出现危机，张女士做了两手准备：一方面加强和丈夫沟通以维持家庭；另一方面积极理财，以保证万一离婚后自己和孩子的生活。

理财分析：目前，张女士的家庭属于小康水平，投资主要是固定资产，安全性较高，但从流动性以及未来的收益性考虑，需要再增加金融产品的投资比例。

张女士正处于中年阶段，孩子尚小，若要在未来 40 年均保持现有的小康生活水平，依靠目前的收入水平和投资状况较难，尤其是还要负担家庭的住房按揭。根据张女士的理财目标，假设其 55 岁退休，每月生活费 4000 元，按 3.5% 的年通胀水平，其退休后至少需要 200 万元人民币作养老金。因此，张女士在 19 年内必须进行较为积极的理财。另外，要尽快为孩子建立教育储备成长基金，以确保其未来能够接受良好的高素质的中高等教育。

理财建议：

1. 提前还贷。为了回避房地产市场经营风险，提高生活质量，建议张女士与丈夫商量，以现有的公司部分可分配利润，把银行按揭一次性还清。这样下来，每月有 2800 元的公积金，直至退休前就能积累到近 70 万元。另外，建议由其丈夫负责现在每月 4000 元的家庭生活费。

2. 储蓄投资。保持现有的 5 万元储蓄投资，最好选择一年定期储蓄，便于利息提高后换存。

3. 做好家庭保险保障安排。每月存入 2 000 元作为保险预算，一年共计 24 000 元。其中，3 000 元为孩子购买商业人寿险，包括寿险、意外险和重疾险。张女士的丈夫作为家庭经济支柱，也应做好保障规划，建议年投入保费 12 000 元购买寿险、意外险和重疾险。张女士作为公务员，虽有完善的社保福利，但也应增加商业意外保险和重大疾病险，年保费预算为 9 000 元。

4. 建立孩子教育储备成长基金。张女士可以和丈夫商量，把每月的房租收入 2 000 元和丈夫另外增加的 2 000 元，以孩子的名字在银行定期定额购买股票型开放式基金，坚持投资 15 年左右，基本可以满足孩子出国留学的需要。

5. 张女士可以为自己设定养老金定投计划。可利用工资的闲余资金，每月定额投资股票型开放式基金 4 000 元，坚持投资 15 年，选择的品种为稳健型的蓝筹股票指数型基金和成长型的股票型基金。

6. 可以加强对黄金的投资，直到退休投资 30 万元左右。黄金投资是一种稳健的并可以抵御通货膨胀的投资品种。

创业型家庭要学会高效率理财

投资理财对每个家庭都是必须的，尤其是对于创业型的家庭，学会理财，掌握高效率的理财规划对于资产的增值是非常有作用的。

理财案例：D 女士和男友现在月收入 6000~7000 元，租房子每月 1 000 元。D 女士自己有积蓄 14 万多元，其男友有 1 万元积蓄。D 女士打算在今年年末购买笔记本电脑、DV 等物品花费 3 万元；打算在明年年底结婚，结婚费用、买房、买车基本都会是家长支付。D 女士现在希望做基金、股票等投资，如果有其他更好的投资机会当然更好，主要希望能在 2 年内让现有积蓄快速增长，以便使其有一个能够创业的基本资本（约需 50 万元）。非常希望有理财顾问的建议。

理财分析：从 D 女士与男友的资产状况分析，收入比较稳定，虽没有任何负债，但收入来源也比较单一，两人的积蓄也没做任何投资，资产的增长速度比较慢；从积蓄来分析收支，可能支出比较大。建议理财方案应从控制支出、增加投资的总体角度来把握。

理财建议:

1. 控制支出，实现节流。D女士与男友准备明年年底结婚，如果提前准备购买了房子，建议尽快装修入住，既可省去每月1 000元的租金支出，同时也为成家做好准备。买房后考虑到交通便利会买车，建议买车可以购买经济型、小排量的家庭用车，以节省养车费用的支出。

2. 双卡理财，合理安排收支。D女士与男友的日常开支可以考虑使用信用卡消费，并结合银行卡管理收支。日常消费使用信用卡，并开通银行卡绑定还款功能，不占用日常资金，可充分享受最长免息期；银行卡又可用于储蓄、基金债券等投资及日常水电费用等代扣。

3. 储蓄和基金组合投资，提高资金收益率。D女士希望自己的资产在2年内有快速增长，为提高资产的投资收益率，并考虑D女士的投资经验，两人现可用12万元资金做一些收益较高的短期投资。建议留出1万元作为应急基金，可以投资货币型基金或银行储蓄产品；11万元可投资于业绩较好的股票型基金。此外，可开通1~2个品种的基金定投业务，将每月的4 000元积蓄用于基金定投的长期投资。

4. 使用个人综合授信贷款，成就创业梦想。D女士希望在2年内拥有50万元的创业资本。目前，银行已推出个人贷款系列产品，D女士在创业时可以申请个人综合授信贷款，享受一次授信，循环使用，用途灵活，随借随还的优惠条件，解决资金需求，并可以节省贷款利息支出。

5. 保险投资，增加家庭抗风险能力。建议D女士购买有一定保障的家庭财产保险（住房、汽车），以及保费低廉、保障高的意外险和定期寿险。保费支出控制在家庭收入的10%左右。

第三章

家有妙招，找到最适合自己的理财方法

懒人理财有妙招

理财是一种智慧，需要我们倾注一定的时间和精力，掌握一定的方法和技巧。很多时候人们只知道辛辛苦苦地赚钱，可是钱到了手却又不懂得如何珍惜，不知道如何更好地发挥钱的价值，使"钱生钱"。

很多人常常抱怨不是自己没有理财意识，而是自己缺乏理财的知识，对投资理财一窍不通，只能守着赚的一点工资。其实，"懒人"同样可以理财，"懒人"也有"懒人的理财妙招"。如果你掌握了"懒人"理财的妙招，那么，你就会发现理财并不是那么高不可攀。

有人懒得把工资卡里的活期储蓄转化为定期或其他高收益的投资，每年无端损失几百元甚至几千元。

有人懒得去管自己股票账户里的被套股票，由此损失的金钱达几万元，甚至几十万元。曾碰到有人发现自己的股票不再有报价（摘牌）了，才到处问怎么办。

忙碌整整一年才能赚几万元钱，却因为懒得花几天或者几小时的时间，就这样白白地让金钱从自己身边溜走，是不是很可惜？

其实，懒并没有错，错在你没有掌握理财的基本法则，没有找到"懒人理财法"。掌握科学理财的方法，将会使你的投资理财事半功倍，让你轻松自如地获得投资的高收益和回报。如果你能学会简单的理财方式，你就可以放心去懒了。

1. 书中采金法

生财原理：读书是随时随地可以进行的，知识的积累能大大提高人的判断能力和行事效率，判断力和高效率可以为行动赢得时间，而"时间就是金钱"。

实例：有一位成功人士，深谙"读书的财富哲学"，认为读书是成本最低的生财手段之一。

没有时间读书是跟钱过不去，是最让人可惜的表现之一。

2. 规则生财法

生财原理：规则的改变必然带来财富的重新分配，只要有心，自然可以发现其中的发财机会。

实例：20 世纪 90 年代初企业融资规则的改变，沪深股市的出现成就了一大批百万富翁；90 年代末人类交流方式的重大改变，网络的出现成就了一大批百万富翁；21 世纪初由于福利分房规则的改变，房价暴涨成就了无数百万富翁；2003 年内地资金突破区域规则进入香港 H 股市场，造就了很多的百万富翁。

我国作为发展中的国家，需要改变的规则还有很多，你去留心把它变成你的财富吧。

进行投资理财，要因人而异

理财有别于其他集体性行为，很多时候其他人在某个方面理财能够有比较好的收益，而你如果不考虑自身的情况贸然进入，很可能就会使自己遭受极大的损失。所以，不同的人有不同的情况，不同的人有不同的理财方法，只有掌握最适合自己的理财方法，才能达到预想的效果，取得良好的收益。

不同的人，在投资上应该有不同的角色定位，亦应有不同的做法。具体是因为，个人理财通常是由以下三个层面构成的。

1. 维持个人或家庭生活的日常费用

这个层面是个人或家庭经济生活的最基础的层面，或者说是底线。这个层面的主要任务是应对家庭日常支出以及近期支出，预期和防范家庭经济风险。它的存在形式为现金、活期储蓄和以定活两便存款形式定格的紧急备用金。这笔个人或家庭必须计划和准备好的资金，我们可以将其视为狭义的现金流。在个人或家庭生活中，这方面是千万不能出问题的。因为它既关系到个人或家庭生活的健康运行，又关系到人的脸面。四处举债以维持生计，总不会受到人们的欢迎吧！

作为一个有修养、有尊严、讲人格的人，在家庭财务的打理上，首先就应积极主动地构筑好个人或家庭经济生活的基石，在现金流的调控上，要留有一些余地。而不应在日常生活和办事需花钱时，首先想到的就是"借鸡生蛋"，找朋友借，找亲戚借，找单位借。要善于换位思考，想想别人借你的钱，你会是什么感受。做到量入为出，量力而行，自己的事自己办，自己的钱自己花。

2. 通过避险，构筑个人或家庭经济生活的"防火墙"

这种避险"防火墙"的构建，对不同生存阶段、不同健康状况、不同收入背景、不同生活方式、不同消费预期的个人或家庭，有不同的要求。它的主体是健康保障、意外伤害保障、驾驶员第三者责任保险、国债、黄金、房地产等。这个层面的主要任务是应对个人或家庭的中远期需求，防范和降低不可预计的风险对家庭经济生活的影响，有效地保全家庭资产。

3. 在"防火墙"后进行风险投资

在构筑好个人和家庭经济生活的"防火墙"后，投资者方可通过运用股票、证券投资、基金、投资联结保险、流通纪念金属币、金银纪念币、人民币连体钞、古玩、字画、股票期权等风险投资工具进行投资。

在社会经济活动中，不同的个人或家庭，在不同的生存阶段，有不同的投资理财任务。比如，中年家庭，在避险方面，其经济上的压力和负担就较老年家庭重。子女大了，读书要花钱；自己人到中年了，健康方面避险投资的压力也来了；父母老了，赚钱能力低了，而健康保健方面的支出攀升了，作为儿女也应尽尽孝道了。中年、老年家庭，在维持家庭日常消费和避险上，花费的钱比较多，而且，这些钱还非花不可。未雨绸缪，对中年、老年家庭实在是太重要了！因此，在私人投资理财上，我们将中年家庭的方略界定为攻守兼备型，而将老年家庭的方略界定为防守型。

都市单身丽人们大多年轻、知性、健康，收入较高，抗失业风险的张力较强，并且上无父母拖累，下无家庭子女负担，活脱脱就一个人。因此，在目前阶段，除维持日常的生活消费外，避险投资与消费的压力还不是很大，也不是很紧迫。鉴于都市单身丽人们的生存状态，在投资理财方面，应持进攻型策略，即将自己省下来的闲钱，尽可能地投入到风险投资市场，以追逐私人资本的高额回报。

当然，都市单身丽人们运用何种投资工具进入风险投资市场，这取决于这个群体中的不同个体对不同风险投资市场、投资工具以及对这些市场运行规律的认知和把握。比如，你喜欢玩股票，对投资股票有兴趣、有信心，那么，你就可以在股票、证券投资、基金、股票期权和投资联结保险方面做些文章，搞点投资；又比如，你对古玩中的某个门类如古瓷器感兴趣，有爱好，喜欢收藏，那么，你就可在进一步学习和实践的基础上，再拜拜师，学学艺，然后逐步涉入这个领域。

初涉职场，女性要学会理财

初涉职场，对女性朋友而言更多的是一个积累的阶段，不管是工作的经验还是在理财方面。因为，在职场初期是一个人的奠基时期，树立良好的理财意识，掌握科学的理财方法，不仅能使自己的生活更加地从容舒适，而且还可以为以后自身的发展奠定基础，毕竟对于初涉职场的女性朋友们来说，前面等待我们的是更为广阔的发展空间。如果刚刚进入职场的时候，你不注重理财，那么你的职场选择、人生发展就会在无形中受到很多的限制。

　　理财案例：初涉职场的叶小姐年收入 3 万元左右，目前租房子住，没有商业保险，也没有存款，想买点基金，另外，想存点积蓄，询问应该如何理财。

　　理财分析：叶小姐具有目前颇为流行的月光族的典型特征。日常花销大，原始积累少，消费无规律，目前的房租支出占月收入的 30%~40%，已成为变相的"房奴"。伴随着今后家庭的住房、医疗、教育、养老等方面的开支日益增多，叶小姐应尽快树立正确的理财观念，运用科学的理财手段，为自己生活寻找坚实的经济保障。

　　理财建议：

　　1. 确立理财目标。理财不是盲目的，要有的放矢，人生的每一个阶段都有不同的需求，也就应制订合适的理财计划。叶小姐短期目标可以设定为 3 年内筹集到 5 万元的房贷首付款；通过深造提高薪酬水平。

　　2. 学会记账，理性分析支出结构。叶小姐要知道自己每月 2 500 元的开支花哪里去了，记账应该是最好最有效的办法，通过记账分析哪些是弹性支出，哪些是刚性支出（生活必需开支，花费每月基本固定）。每个月先规划再花钱，严格控制不该有的弹性支出，而不是先花钱有剩余了才规划。

　　3. 开源节流。以陈小姐目前的收入水准只能归类为中等，因此，近几年应该将关注点放在继续深造、提升自我价值和投资能力上，以此提高自己的薪酬水平和投资收益，这才是提升今后生活质量的根本。

　　4. 建议存钱购买一套小户型房子，把月供控制在 1 000 元以内。这样既能满足目前的住房需求，又便于今后出租。如果以后有条件换大房子，可以以租养贷。

　　5. 尝试新的投资品种。传统的银行零存整取具有强制储蓄的特点，较适合月光族的叶小姐，但缺点是收益相对较低。建议叶小姐尝试一下银行正在开展的"基金定投"理财方式。只要持之以恒，就算是小资金，也能积累大财富，帮助你彻底告别"月光"。

6. 适量投保。以叶小姐目前的财务状况，意外健康险是优先考虑的对象。消费型的意外保险不仅价格便宜，而且可以单独购买，通过投保消费型的意外保险来为自己的未来构筑坚强的堡垒。

工薪女性，要做一个理财高手

作为一名工薪族女性，我们每天都会面临机遇和挑战。如果女性朋友们缺乏必要的理财观念，不知道去理财，那么就是一件很可怕的事。因为，相对于男性而言，女性朋友赚钱能力比较低而消费水平却比较高。所以，作为女性，做一个理财高手能够使自己摆脱窘境，提高自身以及家庭的生活质量。

具体来说，工薪族女性大致可以分为以下几种类型。

1. 职场月光族

理财特征：这一阶段的女性大多还处于单身或准备成立新家阶段，相当一部分的女性没有太多的储蓄观念，自信、率性，"拼命地赚钱，潇洒地花钱"是其座右铭，因此，"月光女神"随处可见。

理财建议：定期定投赚个"金鸡母"。

刚刚步入职场的年轻女性收入较低，但花费却不低，因此，不妨选择按期定额缴款的约束性理财产品。如果每月定期定额投资 1 000 元在年利率 2%

的投资工具（按复利计算）上，10 年下来可累积 13 万余元；若每月定期定额投资 1 000 元在年利率 10% 的投资工具（按复利计算）上，10 年下来可累积 20 万余元，后者约为前者的 1.5 倍。银行定存年收益率约 2%，但从数据可见，银行定存的利率偏低，成长有限。考虑到股市长期向好的趋势，开放式基金的年收益率应该优于定存，因而在低利率时代，女性还是可以找到会赚钱的"金鸡母"的。

2. 初为人妇的巧妇人

理财特征：刚刚步入两人世界的女性，为爱筑巢，随着家庭收入及成员的增加，开始思考生活的规划。因此，大多数女性开始在消费习惯上发生巨变，月光族的不良习惯开始摒弃，投资策略也由激进变为攻守兼备。

理财建议：增加寿险保额、投资激进型基金。

一个家庭的支出远大于单身贵族的消费，所以，女性要未雨绸缪，提早规划才能保持收支平衡，保证生活的高质量。这个时期购置房产是新婚夫妇最大的负担。随着家庭成员的增加，应适当增加寿险保额。此时，夫妻双方收入也逐渐趋于稳定，因此，建议选择投资中高收益的基金，例如，投资行业基金并搭配稳健成长的平衡型基金（指债券型基金与股票型基金）。

3. 初为人母的半边天

理财特征：这一阶段的女性都较为忙碌，兼顾工作和照顾孩子、老人、丈夫的多重责任，承受着较重的经济压力和精神压力。这一阶段的女性，在收支控制上已经比较能够收放自如，善于持家，但还缺乏一些综合的理财经验。

理财建议：筹措教育金、购买女性险。

家庭中一旦有新成员加入，就要重新审视家庭财务构成。除了原有的支出之外，孩子的养育、教育费用更是一笔庞大的支出。首先，在小宝贝一两岁时，便可开始购买教育险或定期定投的基金来筹措子女的教育经费，子女教育基金的投资期一般在 15 年以上。

4. 为退休后准备养老金

理财特征：由忙转闲、准备退休阶段。这一阶段的女性，子女已独立，忙碌了一辈子，投资策略转为保守，为退休养老筹措资金。

理财建议：风险管理最重要。

与前几个阶段不同的是，风险管理成为此时的第一要务。由于女性生理的特点，在步入中年，甚至更早的年龄阶段，妇科疾病就陆续找上门来，此时应选择有针对性的女性医疗保险。

另外，在投资标的的选择上，以低风险的基金产品为主要考虑对象。理财产品应选择那些货币基金、国债、人民币理财产品。

 "月光族"女性，如何成功理财

作为"月光族"女性或者是接近"月光"的女性，想要摆脱自己的现状，使自己拥有一个美好的未来，就必须学会理财，做好规划。否则，就很难实现自己的目标。

理财案例：杨小姐，31 岁，在齐齐哈尔市某高校任教，月收入为 2100 元左右，年终奖金 5 000 元；爱人 31 岁，与她在同一单位工作，月收入 2 200 元左右，年终奖金 5 000 元，其他酬金每年 3 000 元左右；两个人结婚 4 年，儿子两周岁，家庭存款 4 万元，无保险（单位有医疗保险、养老保险）、股票、基金等，每月还 954 元房屋贷款，基本属"月光族"。家庭理财目标是近期能够购买 5~6 万元的汽车，为宝宝提供充足的教育经费，并且不能降低目前生活质量。

理财分析：杨小姐家庭周期处在成长期，年收入 64 600 元，支出控制在 30 000 元，年结余 34 600 元，收支比例 46%，在保障目前生活水平的情况下近期的目标是具有可行性的。

理财建议：

1. 储蓄是理财的第一步。将目前的存款 4 万元中的 1 万元存入银行，作为家庭财务安全的应急基金。

2. 保障是理财的第二步。保障家庭安全，对于理财目标的实现是至关重要的。从存款 4 万元中支出 7 000 元作为保险费用，杨小姐购买的保险金额应在 20 万元左右，其爱人的保额应在 20 万元左右。这笔钱是大人发生不测时孩子的教育金。

3. 投资是理财的第三步。当家庭应急基金和保险保障金准备好之后，将存款 4 万元中的 23 000 元购买平衡型开放式基金。

4. 每月生活费控制在 1 500 元以内，房贷 954 元是必须保证的。

5. 将年结余的 34 600 元中的 20 000 元投资于股票，其余的 14 600 元投资于人民币理财产品。

6. 近期购买汽车的愿望最好推迟到 2~4 年之后。

7. 在理财专家的指点下进行基金、股票的操作，保守地估计年收益率为 8%~15%。4 年之后，杨小姐的家庭金融资产将达到 19 万元。到时可用 6 万元买车，3万元用于小孩上小学，余下的10万元继续投资，为小孩上中学和自己的健康及养老做准备。

一、月光族会理财就不用慌

"月光族"是指一类人——有了钱，就把它吃光、用光、玩完（通俗理解），用钱没有计划的人。陈小姐大学毕业一年多，在泉州某鞋业公司工作，月薪2 500元，不算多也不算少，自从工作后，没向家里要过钱，也没给家里寄过钱，银行卡里常常是一分钱不剩，是典型的"月光族"。一年下来，连个2 000多元的数码相机也买不起。近日，陈小姐下工厂时了解到，厂里不少工人每个月1 000多元的工资，每年都能存下几千元钱，多的还有上万元的，她说："真是惭愧，钱都不知道花到哪里去了。"时下，像陈小姐一样每月将月收入全部花光的月光族不在少数。

二、没钱也要理财

陈小姐自叹工资不高："就这么点钱，又不是有钱人，需要理什么财啊。每个月底都用光光了，哪里有钱再去投资什么的。"那么，是不是没钱就不要理财了呢？错！有钱人要理财，没钱人更要理财。还要澄清的一点是，陈小姐是不是真的没钱可理呢？月薪2 500元在泉州这个民营经济发达，一块砖头能砸到三四个百万富翁的城市来讲，似乎是有点低了。但是，人的眼光不能只看上不看下。多少人工资还在陈小姐以下呢，更何况陈小姐自己也说到有不少月薪1 000多元的工人一年都有几千元存款。所以，必须纠正一个观念，不是有财才理，而是理了才有财。对于"理财"，不能只是从财富增值的角度来看，其实"理财"的概念要广得多，正确的理解应该是，为了实现个人的人生目标和理想而制订、安排、实施和管理的一个各方面总体协调的财务计划。不仅投资增值是赚钱，省钱也等于赚钱。

三、树立理财目标

"月光族"有不少共同特征，归纳起来大概有以下几点：一般是刚踏入社会不久的人，年龄在 20~30 岁之间，年富力强，精力充沛，大多还没有成家，几乎没有资产，薪水收入和消费差不多，没有孩子教育、赡养父母、支付房贷（用陈小姐的话说，钱太少贷不起房，干脆放弃）等财务责任。

年轻就是本钱啊，抗风险能力比较强，但如果没有做好理财规划，月月光，年年光，等年纪稍微大一点，再想开拓一番事业就难了。月光族的理财目标主要是：养成良好的消费习惯和财富思维模式，积累资本开拓事业，保障和提高自己的赚钱能力。

四、强制执行规划

1. 强制储蓄。新开一个账户，每月工资发下来后将其中的 30% 存入该账户，通过强制储蓄的方式来养成存钱的习惯。这部分钱可以只是零存整取的储蓄，也可以用来做一些稳健的投资，比如买国债，将来创业或结婚生孩子都要用到。

2. 规划预算。扣掉储蓄金额，其他就要好好规划一番了。对你每月中各项必须支出的项目进行预算，主要包括你的住房、食品、衣着、通信、休闲娱乐等方面。钱怎么花要心里有个数。

3. 强制记账。不少月光族的一个体会，就是一时冲动花了很多"冤枉"钱，把每一笔账记录下来，下次就不容易再犯了，一定程度上可以控制消费欲望。

4. 保重身体。要时刻注意身体健康，切勿劳累过度。最好能为自己购买一份意外伤害保险，少许的钱就可以保一年，还是比较划算的。

5. 继续深造。主要放在提升自我价值和投资能力上，提高自己的薪酬水平和投资收益，并根据资本、货币市场行情，及时调整投资方案，多读些有价值的书或参加一些培训，提升自身能力。这个很重要，只有能力提高了，才能使职位与待遇有比较大的跃升，收入才能提高。

五、理财三部曲

下面讲一个典型的投资理财的三部曲，从中你可以看到在投资理财中，从盲目跟风到四处乱撞，最后到成熟理财的不同心态和不同收益，想想自己能否从中吸取经验或教训。

在大学里，我读的是金融专业。毕业之后，虽然我并未从事证券投资行业，但炒股时总能得到一些所谓的"专家消息"，逐渐成为了一个典型的消息派投机主义者。

4年前，我那只寄予厚望的股票以迅雷不及掩耳之势开始了它震惊中国股市的跌停，连续10个跌停的同时，也引发了骇人听闻的"黑庄"大案。仅此一役，过往3年的理财成果付之东流，我又回到了起跑线。

痛定思痛，我开始总结自己的理财教训，希望找出一条适合自己的平稳理财之路。这次投资股票的失败，最大的错在于把所有的鸡蛋都放在了同一个篮子里，没有进行分散风险的投资组合，无论是理财工具的运用、"专家咨询"的来源，还是股票组合，都过于单一。我决定重新开始运用各种投资渠道，包括：根据"二三五"的稳健投资原则组合保险、债券和股票，股票组合中也按照同样的比例购买了三只风险性不同的股票。于是，我的第二轮投资开始了，忙乎了一年多，我手上的股票像走马灯一样换来换去，朋友送了我一个外号——"综合指数"。

可是一番折腾下来，我已经对自己的投资理财水平彻底失去了信心，发誓只做长线投资，再也不为炒短线浪费时间和精力。后来，正好某银行在销售大成价值增长证券投资基金，在专业人士的推荐下，我把余钱全部买了这只基金。

不久，我接到大成基金管理公司理财中心的电话——该基金的累计净值增长率达到 34%，累计分红每十个基金单位 2 元！呵呵，好久没有尝过赢利的滋味了，想想自己过去劳心费神却一无所获，这下才发现，原来把投资理财的难题交给专业人士要好得多。

蓦然回首，我从消息派到所谓的组合投资，再到委托专业人士，通过理财三部曲，我逐渐摒弃了一夜暴富的投机心理，也不再误打瞎撞了。

新婚女性要学会如何理财

婚姻，是女性人生的另外一个起点，另外一种崭新的开始。然而，二人世界与单身贵族的生活是完全不同的，尤其是在财务问题上，需要女性格外的注意，需要女性学会科学合理地规划彼此的钱财，以保证幸福美满的婚姻生活。

理财案例：小丽，女，26 岁，职业是行政助理。小丽准备跨出人生重要一步，结婚。然而，二人世界和单身贵族的生活是完全不同的，婚后该怎么处理有关财务的种种问题呢？

小丽是位标准的办公室白领，在一家外贸公司做行政助理，收入还算不错，大概每月 6 000 元。小丽的男朋友小良也在同一家公司工作，任职部门经理，月薪万元左右。小丽是女孩子，花钱比较注意节省，目前有 10 万左右的存款；而男朋友虽然收入多一些，但从不算计，所以，目前只有一辆车，存款不到 5 万元。两人都没有买房子，准备婚后再买。两人相恋 5 年，准备在今年结婚。

但是，一方面，两人都当了长时间的"单身贵族"，对婚后生活或多或少都感到有些心里没底；另一方面，两人都没什么理财经验。那么，婚后小丽该如何打理小家庭的财产，怎样根据双方经济收入的实际情况，建立起合理的家庭理财制度呢？

理财建议：

1. 理财方式慢慢磨合。结婚成家后，理财就成为夫妻双方的共同责任。小丽和男朋友虽然恋爱很长时间，但由于没有共同生活经历，所以，一定要做好消费习惯不尽相同的思想准备。在新婚后的一段时间内，应该充分尊重对方的用钱习惯，即使你觉得对方过于节俭或无度消费，也不要太多干预，只能在共同生活中循序渐进地适应和磨合。对于重要的财务收支，要共同商量，免得引起不快。

2. 不要冲动消费。新婚家庭的经济基础一般都不强，所以，不要超越经济承受力，不要讲排场、冲动消费。要避免买很多不必要的物品，在遇到对方提出不必要的购物提议或要求时，不妨坦陈自己的意见和理由。

3. 双方财务要透明。夫妻双方的收支情况采用透明的方式比较好，最好不要设"小金库"。对于日常生活开支，在不浪费的前提下，双方自由支配收入，但应该将节余资金进行有长期计划的投资，通过精心运作，使家庭资金达到满意的收益。

4. 建立家庭账本。新婚家庭不妨设立一本记账本，通过记账的方法，使夫妻双方掌握每月的财务收支情况，对家庭的经济收支做到心中有数。

5. 及早计划未来。对于刚建立家庭的年轻夫妇来讲，有许多目标需要去实现，如养育子女、购买住房、添置家用设备等，同时，还有可能出现预料之外的事情也要花费钱财。因此，夫妻双方要对未来进行周密的考虑，及早作出长远计划，制订具体的收支安排，做到有计划地消费，量入为出，每年有一定的节余。

同时，通过经济分析，不断提高自身的投资理财水平，使家庭的有限资金发挥出更大的效益，以共同努力建设一个美满幸福的家庭。

 ## 小资夫妻如何理财实现共赢

对于一些经济独立的单身贵族而言，爱情是用来增添生活色彩的；而婚姻，是为浪漫爱情延续而选择的一种最优方式。的确，婚姻是最传统也最常规的爱情延续方式。

婚姻的开始，是两个人甚至两个家庭在一起生活的开始，无论从形式上还是从内容上，都需要调整各自的步调，这样组建的家庭才能达到和谐。

独立的生活能力让单身的人适应了社会生存，但单身的人在步入婚姻的时候，也许会遇到很多现实的家庭理财问题。

现如今，早就已经过了"嫁汉嫁汉，穿衣吃饭"的年代，现在的婚姻，从经济的角度上来说，双方都是家庭的搭建者，不仅如此，步入新婚的小夫妻们，不仅各自拥有自己的工作，而且还拥有属于自己名下的房产、汽车、基金、存款等各类资产，在婚前他们各自有着一套自己的理财经。可是婚后他们还能如鱼得水地摆弄自己的资产吗？特别是对于白领小两口来说，如何对婚后的钱财进行合理的规划和投资是一件非常重要的事。

丽丽：典型都市丽人，注重小资生活，坚持每周"七个一"的生活原则。

华子：工作之外最大的乐趣是在周末和哥们儿打球、吃饭等，也喜欢旅游。

丽丽和华子是在两年前的一次丽江自由行中认识的。两个人性格开朗，都喜欢旅游。巧的是，他们同住一家客栈，发现都来自北京，就决定搭伴一起游丽江了。就这样，他们从丽江相识，回到北京也就开始了甜蜜的恋情。

丽丽是一个典型的都市丽人，小资情节浓重，追求生活品位。丽丽每天生活既紧张又快乐，她每天自己做早餐，中午在公司附近吃工作餐，下午要和朋友去品尝各式美食。

她坚持每周"七个一"的生活原则，每周要去看一场电影；要做一次美容；要做一次运动；要逛一次商场；要给自己买一件新衣服或一双新鞋；要自己下厨烧一次菜，请朋友来家里品尝；要有一天不化妆。而且她坚持一个月内不会重复穿一件衣服，还经常尝试不一样的装束。喜欢运动的她会在每个月安排至少一次郊区游，一年安排一到两次远游。

丽丽虽然是北京人，但是从上大学的时候，她就已经开始独立生活了。她在市区拥有一个 50 平方米的小一居（父母送给她的成年礼物）。她的房间里，最占空间也最让她骄傲的地方就是她的衣橱，她梦想着以后换了大房间，她要给自己造就一个《sex and the city》里 carrie 的那个顶级衣橱，里面装满时尚的元素。

恋爱之前的华子似乎没有丽丽生活得那么精致，他工作之外最大的乐趣有两个：一是周末和哥们儿凑在一起，打球，吃饭，打游戏；二是他喜欢去旅游，通常，他会将旅游安排在这些假期里。而华子的家乡在陕西西安，华子的父母都是大学教授，目前母亲已经退休，但是又被单位返聘，所以平时二老也还是比较忙碌。他是在北京读的大学，研究生毕业后，就留在北京工作。他很喜欢自己的工作，每天和一群朝气蓬勃的中学生在一起，让他觉得自己充满活力，对生活的态度很积极。为了上班方便，他租住在学校附近的单身公寓。

华子在理财上没有太多的关注，他一直都觉得钱是赚来的，不是攒来的。而且平时也不怎么注意细节，花钱比较随意。"会花钱才会赚钱嘛"，每次大手大脚花钱之后，他总这样安慰自己，同时也觉得自己的每项开销都是有道理的。华子希望住得舒服，学校分了宿舍他不住，他每月最大的开销就是花2 200元在学校附近租了一套单身公寓；平时上课的时候他就为了方便在食堂吃，每月花销200元。

但是一到周末，他和哥们儿吃饭往往一顿就是他一个月的伙食；而每年开销的重头项目就是旅游，每年会花去10 000~15 000元；其次开销较大的项目是养车：去年为了和丽丽约会方便，华子买了辆车，车船使用税、保险费、油费、养路费等等合计用车年成本达到18 000元左右。华子生活每月至少得花掉3 500元，占工资的一半以上，工作了四年多，现在华子的资产就只有工资卡上的活期存款9 000元。

丽丽在理财方面和华子截然不同，她可不是个只会消费的都市丽人，平时的花费她虽大手大脚，但是她从来不会把剩余的资金放在银行里。"钱是能生钱的，银行的利息才有多少啊"，每次看到妈妈把钱存进银行她都会不屑地说一句。平时丽丽追求优质生活，一般来说，每月购买服饰和品尝美食至少得花五六千元，每个月她的工资基本上也所剩无几，但她有了剩余的钱就会去买股票和基金。

另外，她还给自己买了一份大病险，作为社会医疗保险的补充，为此她每年需要支付保费 2 500 元。自从那次丽江游回来，华子和丽丽都突然发现生活中出现了不同的色彩，变得更有乐趣。不知不觉过去了两个春秋，两个人决定步入婚姻的殿堂。但是结婚之后，丽丽与老公的理财观念格格不入，发生了很大的分歧，以至于使家庭的整体收益受到极大的损失。

下面我们再看一个这方面的理财案例。

刘芬 28 岁，其先生 30 岁。刘芬和其先生都从事 IT 行业，去年十一结的婚。刘芬的月薪在 4 000 元左右；先生是高级技术人员，年薪可以拿到 10 万元。夫妇双方均有完善的五险一金，外加补充医疗保险。已经购买了一辆 10 万元左右的车。现有银行存款约 20 万元，其中 10 万元是一年期定期存款，其余都是活期存款。两人平时消费基本都使用信用卡。

他俩希望能够用公积金贷款购买一套 100 平方米左右的商品房，并在一年以后打算要孩子。买房是不是经济压力太大？20 万元的存款怎么才能够活跃起来"钱生钱"？

理财师建议：刘芬夫妇都处于事业发展上升期，收入稳定并有较好的五险一金保障，没有负债和培养子女的压力，风险承受能力较强。人生处于这个阶段，主要考虑的问题有三方面：一是在风险承受范围内使投资收益最大化；二是节约消费性开支，为购房和生孩子做准备；三是追加保险，提高家庭财务安全性。

刘芬夫妇现行的投资方式过于保守，收益较低，应将部分资金投资于高收益的股票、期货等理财产品上。

年轻白领女性开源节流的实用锦囊

从结婚到新生儿诞生一般经历 1~5 年，此阶段的家庭处在形成期，为提高生活质量往往需要较大的家庭建设支出。节财计划、应急基金，是这一阶段主要的理财目标。

理财，是通过对现有财务资源进行适当管理实现整体理财目标的过程，贯穿人一生的不同阶段，是一个为实现整体理财目标而设计的统一的互相协调的计划。

理财是有条件的，首先，要有财可理，所以就要学会"节流"。"节流"是有固定收入家庭储备理财金的重要手段。所谓"节流"就是指尽量压缩不必要的支出，从而达到收支平衡的目的。同样，"开源"也非常重要。所谓开源就是指通过各种方法提高自己的收入水平，从而达到财务自由，收支平衡，进而提高自己的生活质量。"节流"和"开源"结合起来就构成了整体的投资概念。

财务资源的合理分配是理财的根本，购买保险、投资基金是年轻家庭的"开源"主要举措。另外，对于绝大多数的白领女性来说，"开源"还有以下几种实现途径。

1. 兼职

对于不想冒任何风险而又想尝一尝创业滋味的白领来说，不妨先尝试一下兼职。目前在北京、上海、广州等大城市，白领做兼职是一种常见现象。兼职职位有高有低，需要根据各人的能力、机遇而定。不过，不管何种兼职，都可以锻炼能力、积累经验，同时还可以积累一定量的资金，又不占用上班时间，不用放弃目前的工作，正好能够弥补想创业的白领的短板，可谓一举两得。

不过要注意：白领在选择兼职的时候，一定要注意与自己的特长和未来发展方向相结合。兼职是为了缩短自主创业的距离，缩短从打工者到老板的距离，如果陷入到为兼职而兼职的局限中，为眼前的一点蝇头小利斤斤计较，而忘记了对自己能力的锻炼和资源的积累，那就有点得不偿失了。

2. 抓副业

做自己的工作之外的副业可以充分利用在工作中积累的资源和建立的人脉关系。这是白领的一个特点，也是白领的一个优势，学会充分利用在工作中积累的资源和建立的人脉关系进行创业，可以大大减少创业风险。

不过要注意：不能将个人生意与单位生意搞混淆，将工作秩序搞颠倒，甚至只要是有利可图的生意就归自己，而无利可图或者亏本的生意就归单位，这样做不仅要冒道德上的风险，而且很有可能会受到法律的制裁。另外，要区分清楚主业、副业，不能因为自己的创业活动影响单位的工作。

3. 合伙创业

选择合适的合伙人进行创业。有些白领没有时间自己进行创业，但可以提供一定的资金，或者拥有一定的业务经验和业务渠道，这时候就可以寻找合作伙伴一起进行创业。不过在创业之初合作伙伴一定要先分清楚责、权、利，不能等到赚钱了再说。我们看到无数合作创业的伙伴，在公司没有赢利之前，双方都能够和谐相处、和和气气，一旦公司赚了钱，矛盾便开始出现，有时一发而不可收拾。这就是大多数合伙企业，开始热热闹闹，中间打打闹闹，最后一败涂地的原因。

不过要注意：与合作伙伴一起进行创业需要注意，责、权、利一定要分清楚，最好形成书面文字，有双方签字，有见证人，以免到时候空口无凭。

4. 开小店

一位在上海工作的白领，手头有一定积蓄，但不愿放在银行里生利息，因为银行利息太低。后来，她瞅准时机，在上海吴淞码头开了一家拉面馆，后来连开了 4 家。现在这 4 家拉面馆每月能为她带来 2 万多元的收入，远超过其打工的薪水。这位白领说，其实很简单，她看准了地方，出钱盘下店面，请了几个人来开店，设了一个店长，工资要高些，其他人按市场行情走。她只要每个星期到店里走一趟，盘盘账。因为店小，账目很简单，既省心省力，又不花时间。

不过要注意：类似这样的项目，非常适合想创业的白领，关键是你要开动脑筋，时刻留心，四处留心。另外，就是该下手时就下手，不能犹犹豫豫。大家都在找机会，机会来了你不下手，一眨眼机会可能就被别人逮跑了。

5. 做产品代理

现在翻开报纸、杂志，到处是寻找产品代理的广告。有些人对此类广告抱着本能的排斥心理，以为都是骗子，其实并非如此，这里同样隐藏着一座座金山。这里有几条原则可供参考：其一，就是尽量不做大公司和成熟产品的代理，因为这类产品一般市场稳定，但利润空间小，条件苛刻，非实力雄厚者不能承受，白领难以问津。其二，选择产品，必须是真材实料的，必须是正规企业生产的，最好经相关部门认证的有合法手续的产品。其是否存在市场，可由其产品的功能和广告支持力度来判断。其三，产品的独特性与进入门槛要高。有些产品很好，但太容易仿造，结果市场一打开，跟风者一哄而上，市场很快又垮掉，这时候最吃苦的除了厂家，就是代理商。其四，最好直接与生产厂家接触，而不要做二手甚至三手的代理商，除非生产厂家有特殊要求。

如果打算做二手、三手代理商，那么，一要考虑上级代理商留给你的利润空间是否足够，二要考虑上级代理商的人品与信誉，三要考虑上级代理商与生产厂家的关系。上级代理商人品不好，信誉不佳，很可能在你打开市场局面后将你甩掉；上级代理商与生产厂家关系不好，厂家炒掉上级代理商，也很可能会使你前功尽弃。

不过要注意：打广告招代理的产品，一般都是尚处于市场拓展阶段的新产品，选择产品代理，最重要的是看清代理产品的发展前景。判明产品的市场前景，也就判明了产品之于代理商的前景。

新兴的"抠门族"正愈发壮大，压倒了过去曾风靡一时的 SOHO 族、月光族、乐活族等族群。具体来说，白领女性，如何才能更好地"节流"呢？

衣：网购最便宜

随着网络的发展，网购已经成为一种时尚，一种潮流。同时，网购也是一种高效的省钱策略。一般来说，在网上购物能得到比在实体店购物更低的价格，特别是一些团购网，价格都十分的便宜、实惠。另外，网上商店的物品种类也非常繁多，几乎在实体店可以买到的东西在网店都可以买到。

除了网购，小服装店也是白领们热衷交流的话题。供职于一家服装设计公司的白领张小姐说，相比黄金地段的大商场，一些偏僻小马路上的服装小店里的衣服性价比要高出一筹。"租金便宜不说，而且风格特征很明显，挑选起来方便。"张小姐说，只要看一看老板娘的穿着，就大致能看出她店里衣服的品位。

食：巧用优惠券

无券不成欢。对于吃惯了肯德基、麦当劳的白领来说，使用优惠券和折扣券可谓学生时代的传统美德。同样在肯德基吃一个蛋挞，原价是 5 元，有了优惠券就能省下 5 角钱。如果是吃几十元的套餐，一顿饭就能省下 5 至 7 元。

优惠券来路很多，街头有派发，报纸杂志上能剪，有时候家里邮箱里也会意外收到。但相比起来，电子优惠券显然更为方便。有段时间，一则关于"电子优惠券大杂烩"的帖子在白领中间广为流传，其中罗列了大量优惠券信息。我们发现，很多网站都提供优惠券打印服务，比如大众点评网和嘻嘻网等，这些网站有全国各个城市的站点，只要进入所在城市的站点，就可以看到该地各个商家的优惠信息，点击进去，就可以在网上直接打印优惠券。

在家自己做饭，是不少白领省钱的另一个法宝。在一篇题为《做两次饭搞定一周伙食》的帖子里，网友列举了自己的过日子心得：周日去菜场买活鸡一只，香菇、竹笋等辅料若干，放在砂锅里炖 2 小时，冷却后放进冰箱，每天回家后取出若干加热即可。这样，从周日到周三，每天只需炒一个蔬菜或者买点水果就能吃上一顿营养美餐。周四买一条黑鱼和番茄回家，如法炮制再烧一锅，又可以吃上 3 天。这样算下来，每顿晚餐平均只需 10 元左右，且营养均衡卫生健康。

住：节能最受宠

节能不仅仅是一句口号，更是事关省钱的大事。中央电视台一档节能节目曾受到不少白领关注，家庭生活中一些节能小窍门深受喜爱。

白领杜小姐在自己的博客中写道：看了电视才知道很多父母辈们一直保

持的习惯都是有道理的，原来淋浴比盆浴更省水、调节煤气灶架到合适高度更省气、有分时电表夜间洗衣更省电，虽然节约的钱有限，但日积月累竟然是一笔不小的数字。

合租是白领们讨论的另一个重要话题，在一家旅游网上班的聂小姐过去自己一个人在上海淞虹路租房住，最近，她搬到了世纪公园附近，和大学同学住在了一起。"自己住，一个月房租要 1000 元，还不算水电煤气费。"聂小姐说，现在 3 个人合租一套 2 室 1 厅的房子，分摊下来只要 700 元左右。"更重要的是，过去一个人懒得做饭，顿顿吃外卖，也是一笔不小的开支。如今几个人在一起住，很多时候都是自己做着吃。"虽然，聂小姐上班要多花近一个小时，但每个月却可以节省 500 元开支。

行：地铁换公交

打车一直是白领出行最大的一笔"额外"开销。早上睡懒觉要迟到了，打车；中午抽空会情侣，打车；晚上下雨没带伞，打车；周末购物东西多，还是打车；一周下来，不少白领光打车就花去几百元。有段时间，网上不少白领发起了"捂住钱袋子，拒绝打车"的倡议，号召大家提前出门，查好出行线路，尽量采取地铁加公交的出行方式。"去陌生地方，先查看地图，查询换乘路线，估算好时间。"白领黄小姐说，公交地铁现在有换乘优惠，只要提前算好时间，比起打车能省不少钱。

对喜欢旅游的白领来说，用好休假时间，避开假日旅游高峰是最好的选择。"跟团最费钱，又玩不好。"不少白领表示，网上订机票旅馆，能省下一笔不菲的开支。"今年我去鼓浪屿两个人才花了 4000 元。"供职于媒体的白领陈小姐说，出行前她查询了大量驴友攻略，买了春秋航空特价机票，住在当地家庭旅馆，不仅玩了最有特色的地方，而且经济实惠。

仅妻子有收入，该如何理财

女性结婚之后，如果夫妻双方只有一人有收入来源，那么女性朋友应该如何做好理财规划，以保证良好的家庭生活品质以及从容应对未来生活中将要面对的考验和挑战呢？

王小姐和老公都 30 岁，无孩子，准备明年要。老公刚考上博士，未来 3 年内估计月收入在 700~1 000 元之间。家里一切开支主要由王小姐负责。王小姐是自由职业者，收入不稳定，年收入在 7~20 万元之间。

家庭经济情况：买了一套新房，首付 10 万元，月供 2 500 元，自己住；如果出租，租金在 4 000 元左右。还有一套老房，出租给别人，月租金 2 500元。今年刚买了车，全款付，15 万元。投资理财保险年付 1.2 万元，已付 4年。平时月开销为基本开支 2 000 元，应酬和穿着 1 000 元，礼金 500 元左右。几乎无存款。

王小姐夫妇正常年收入包括：作为自由职业者的 13.5 万元平均年收入，爱人未来 3 年每年约 1 万元的年收入，一套老房年租金收益 3 万元。年支出为：平时月开支 3 500 元，全年共计 4.2 万元，年付 1.2 万元投资理财保险，一套按揭公寓年供 3 万元。年节余为 9 万元。目前，资产为 4.8 万元保险，60万元的老房，15 万元的车，按揭公寓的部分产权。

从目前状况来看，由于几乎无存款，所以，首先应该保证资产的流动性，将活期存款保持在月开支的 3 倍——10 500 元。因为王小姐夫妇有 9 万元的年结余，所以，不妨开立一个货币市场基金账户，不断地将活期账户上的散钱转入，就可取得远高于活期储蓄的收益，而在使用时只要最多提前两日赎回就能加转至活期账户。另外，应配置有固定收益的保障连接险、医疗健康险和意外险。

购买高信用级别的债券。因为，王小姐夫妇 3 年内还能结余 20 多万元现金，考虑到生孩子，收入可能会受影响，因此，建议进行中线稳健投资，不断将结余的钱用于购买国债。

等到王小姐爱人博士毕业参加工作后，家庭中现金流大大增加时，再考虑购买股票及股票型基金等高风险资产，以博取高收益。目前，因国家宏观调控影响，股市低迷，很多股票中长线投资价值显现。如果不想放弃这一机会，同时，又想避开房地产价格的回调期，可考虑进行大动作，调整资产结构，将老房子卖出，将部分得款趁利率低时提前还贷，部分得款用于股市投资。

会理财，让准妈妈给孩子一个美好的未来

女性朋友们，打算生孩子的时候，一定要做好科学的理财规划和安排。唯有如此，才能给孩子一个健康美好的未来，奠定孩子成长的根基，使孩子在精通理财的妈妈的照顾和呵护下，拥有更好的生活条件，更加富足的生活，

更坚实的成长基础。

理财案例：吴太太 30 岁，是沈阳一家公司的会计，年税后收入近 3 万元，每月家庭总花销 1 800 元；吴先生在沈阳某国企工作，每月工资 3 000元左右，年终奖金 1 万元。

吴太太夫妇刚贷款购买了一处价值 30 万元的住房，每月还款 1 500 元；夫妻俩有定期存款 10 万元，活期存款 1 万元，国债 3 万元。夫妇两人除了社保之外，没有购买任何商业保险，尽管现在逐渐有了一些保险意识，但也不知道自己是否需要购买商业保险以及该买多少。

夫妇二人打算在一两年之内生个孩子，并计划 5 年内买一辆价值 15 万元的轿车。

理财分析：整个家庭计划都将随着新生命的到来发生巨大变化，特别需要提早规划。吴太太一家目前的年收入接近 8 万元，年花销近 4 万元（包括房贷）；如果准备要宝宝，势必会增加花销，在 5 年后吴太太家庭一年的潜在花销会超过 6 万元。

在这种状况下，如果家庭的总收入不变，那么，每年的盈余可能只有 2万元不到了，考虑到应交的保险费和孩子的教育储备，很可能会出现入不敷出的情况。吴太太家庭的存款（国债）不多，只能在中短期目标中作出取舍，应该先为宝宝作相关的财务计划，而购车一事可以延后再考虑。

理财建议：

1. 学会用货币基金来安排平时的生活备用金。将 3 个月后的花销金额和年内可能动用的资金用来购买货币型基金，这样让原来的"活期存款和现金"部分增加约 2% 的年收益。货币型基金在卖出时，一般会有两到三天的延时提现，此期间可以利用信用卡透支的还款零息时段来从容应对。

2. 开放式基金用认购（申购）及定投组合来安排存款及收入。将存款和每月的净收入，多用来购买开放式基金，以平衡型和债券型为主；定期存款到期后可以直接通过银行择机认购新的平衡型品种，这样能节省很多交易费用，在适当的时候用适当的方法可能会省下正常费用的一半。

将每月净收入做两组左右的定投，投放平衡型基金以期达到长年的稳定回报。定投这部分基金在 10 年以后会产生很大的复利回报（按 5% 预期），既能够达到未来宝宝教育储备的目的，也可以用来应付将来的购车需求。

3. 房贷险为主，寿险、重疾险为辅的保险计划。夫妻二人都有正常的社会保障，但趁年轻宜加保重疾型保险。在宝宝出生前，可以投保一份房贷两全险，外加定期寿险（以弥补房贷险只保意外的缺空），一方面可以在 20 年后取出，提前锁定了一部分大学教育储备，另一方面也给投保人做了短期寿险保障，一举两得。

4. 用数据来衡量整个计划是否合理。保险计划中的年缴金额在 8 000 元左右，占家庭总收入的 10%，暂时不要考虑万能险、分红险、养老险。

扣掉日常费用后（原费用＋保险费），暂时不考虑备用金（货币基金）收益的部分，可以看出 5 年后的流动资产状况，如果基金组合到时能有高过预期的回报，那么，吴太太一家还是有可能同时完成两项目标规划的，只不过要宝宝在先，购车在后。

三口之家如何理财

三口之家是我们身边最普遍的家庭构成形式，不少家庭把理财的目的放在了如何提高生活、居住水平，并为孩子未来的教育、结婚、购房等计划积累资金。

理财师指出，针对不同的年龄阶段、收入层次的家庭理财计划也是不同的。下面 3 个三口之家的理财计划，分别是针对刚有孩子的青年家庭、孩子即将上学的中年家庭、孩子已经工作的老年家庭而制订的理财计划。

一、青年白领偏重投资

理财案例：傅先生，33 岁，外企白领，月收入 6 000 元，年底分红 10 万元；傅太太，31 岁，某著名外企驻南京财务管理人员，月收入 5 000 元，年终奖 2 万元；住房 120 平方米，小孩 1 岁，存款 50 万元，股票 30 万元。傅先生多年股市投资收入颇丰，对投资市场感情深厚，但最近因市场不好，他们想投资黄金，并想另购小套房产出租。

理财分析：傅先生的理财需求是比较明确的，家庭资产状况也比较简单，他对投资市场具有一定的了解，因此，也具有一定的风险意识和承受能力。这是他的理财设计的着眼点，同时要对他做全面的建议，毕竟他和太太已经不是完全没有牵挂的两个人了。

理财建议：

1. 傅先生夫妇所属企业虽然参加了社会医疗、养老和失业保险，但保障依然很弱。针对保障比较低的状况，建议其增加对商业保险的购买，主要险种为保障型的重大疾病保险，被保险人为夫妇二人，金额各为 30 万元左右。同时投保教育年金，尤其是有投资意识的家庭，必须强制为孩子进行教育储蓄。

2. 建议傅先生以股票投资为主，股票型基金投资为辅，为保持资产的流动性可以投资一些货币型基金。

3. 小套住房的投资可以选择市中心高校附近的公寓楼，40~50 平方米，总价 40 万元不到，以目前的存款可以办理按揭，将来相对来说具有升值潜力，也易于出手。

4. 目前的黄金投资主要有贺岁金条（收藏价值）、高赛尔金条（价格活跃）、纸黄金、盎司金等。黄金作为一种中长线投资的品种颇具潜力，黄金价格是与国际市场同步的，所以，投资黄金也要注意国际金价。建议傅先生初始炒金时应该将金额控制在 15% 以下。

二、中年中产稳健投资

理财案例：陈先生，37 岁，省企高级经理，基本年收入 5 万元，奖金收入 10 万元左右；陈太太，35 岁，事业单位科员，年收入 10 万元；小孩 7 岁，准备上小学。家庭每月支出约 4000 元。夫妻二人均有良好的社保，在市中心有住宅 1 套，无按揭，但周围无好的学校。目前有存款 80 万元，并少量炒汇。准备让小孩上好一点的小学，但不准备买学区房，准备 2~3 年后在市郊购置条件好的新房，并将目前的普桑换成 12 万元以上的新车。

理财分析：仅以简单的现金流量计算，每年收入为期望 20 万元（陈先生奖金收入不稳定，以50%的平均概率计算），每月支出4 000元，3年后将有近130万元的资产，应付购房购车是足够的，所以，在确保生活水平和意外保障前提下，提高收入和财务安全是理财目标。

理财建议：

1. 首先要编制家庭收入支出现金流量明细，计算每年净流量，为以下理财建议提供依据，并且预测在2年或者3年后，买房买车时向银行借贷的现金流量预算。

2. 陈先生和太太可以购买意外伤害保害和医疗保险，而且，由于他们两人对家庭收入都非常重要，建议保费相当，并且，建议采取年缴费方式，不影响中期的大量资金支出的需求。同时，可以有计划地为小孩购买长期投资类保险，为孩子将来的教育进行准备。保险总的年支出可以控制在年收入的15%。

3. 陈先生自己炒汇，可以结合其他形式判断他在投资上应该是属于比较进取型的，但由于在3年后需要购房换车，建议他至少将首付款即30万元以上购买短期国债，或对应期限的银行理财产品。如果陈先生自己有时间的话，建议可以通过网上银行或财富账户进行股票投资，规模在20~40万元之间；如果没有时间，可以建议购买股票基金并长期（3年以内）持有。同时在炒汇的基础上，尝试收益更高的外汇期权产品。

4. 陈先生家庭收入较高，但也要维持高层次的生活水平和防止临时性开销，所以，建议保留10万元左右的备用金，投资于货币基金或者类货币型产品。

三、老年夫妇安全投资

理财案例：王先生，国企职工，52岁，月收入3 500元；王太太，50岁，在报社工作，月收入6 000元，保障充裕，并分得住房90平方米；儿子24

岁，在银行工作，月收入 3 000 元。家庭每月支出约 2 000 元。全家存款 40 万元，国债 5 万元，股票 5 万元。现在老两口的问题是，资产如何保值增值，以供儿子结婚、老两口养老，并视情况购买家庭轿车。

理财分析：家庭每月的支出在 2 000 元，这样每月的现金流入有 1 万元，还是比较可观的，但抗风险的能力并不强，总体上的投资建议应该以安全性为主。

王先生的儿子已经到了结婚的年龄，所以进行房产的投资已经提上议程。在父母的支持下，可以购买中户型的房子，总价 50 万元左右。如果位置稍远，可以考虑购买 8 万元左右中小排量的汽车。

人生处于退休阶段的时候，除了特殊情况，比如返聘、投资、私人业主等情况，基本上收入流已经没有了。所以，遵从的投资原则一定是安全性。风险投资只有在有闲散资金时可以适当地进行。

理财建议：

1. 尝试保险投资，新购买的保险应该具有针对老年人的特点。

2. 解决遗产除遗嘱、信托以外，还可以利用保险的手段。留给子女的资产可以进行安全性投资，如国债等。

3. 在度过安逸、愉快的晚年生活时，可以进行一些带有储蓄性的投资，如币卡、字画、古董等，但要注意辨明真伪。

总之，女性朋友们，做好准妈妈就要树立起科学的理财观念，明确掌握恰当的理财方法和技巧。良好的理财方法，不管是对孩子还是对家庭来说，都将是一笔巨大的财富。

中产阶层如何更好地理财

理财案例 1：某大城市中的一个家庭：男主人刘先生，32 岁，在某企业任销售经理，工作需经常出差，固定年收入 8 万元，另有年终奖金和各种补贴约 4 万元；女主人汪女士，29 岁，在某商场任出纳，固定年收入 3 万元，年终奖金约 5 000 元；女儿 4 岁，上幼儿园中班。刘先生的父母均已退休，因为单位有较完善的退休金和医疗保障，所以不仅不需要小家庭提供经济支援，反而还经常补贴些在孩子的学习和消费上；汪女士的父母临近退休，收入中等，比较稳定。

家庭大宗消费情况：5 年前自购一套 120 平方米的住房，购买时房价 40 万元，现市价 80 万元，贷款 28 万元，还款期限 20 年，月供 2 000 元，使用住房公积金还款，因公积金比较充足，不打算提前还贷；有 1 辆富康轿车，每月养车费用约 1 500 元。主要投资和理财途径：刘先生有一套单位分配的住房，现市价约 16 万元，目前出租，每个月收回 700 元租金；投资股市 10 万元，前几年均处于亏损状态但未舍得割肉出场，去年年底借牛市良机上涨，目前市值约 13 万元，因缺乏信心、技术和时间，正在考虑是否转购基金；银行储蓄 22 万元；借给朋友 5 万元用于开店，年利息 6 000 元。

理财分析：这是一个比较典型的"4-2-1"家庭，有房有车，属于中等收入，有一定的家庭财富积累，夫妇教育程度较高。

1. 收入分析：家庭实际年收入共 16.94 万元（12 万元+3.5 万元+0.84 万元+0.6 万元）；其中工资收入 15.5 万元，占全部收入 91%，说明该家庭的主要收入来源是体力和智力，而非财力；其中，男主人的收入占到家庭年度收入的 71%，是家庭经济的主要来源。另有股票浮赢 3 万元，但考虑到是几年前就投入的，为便于规划，本次计算未计为收益，而是统算为一项资产。

2. 家庭资产：房产 96 万元（80 万元+16 万元），汽车 5 万元，股票 13 万元，存款 22 万元，借款 5 万元，合计总资产 141 万元；其中流动性较差的有 106 万元，占比 75%，有的变现会严重影响生活品质，有的变现可能会有经济损失；可随时支配的有 35 万元，占比 25%，其中股市中的 13 万元有上涨或下跌可能。

3. 家庭负债：房屋贷款尚有约 20 万元本金未还，本利合计未来 15 年还需要还款 35 万元，由于每月的住房公积金充足，还贷不影响现金流量。

理财建议：

一、科学分析家庭投资理财目标

1. 子女教育：孩子预计 14 年后上大学，初步估计国内求学需要 12 万元（大学 4 年，每年 3 万元），如果出国求学则需要 60 万元（如果孩子在国外打工可降低该项开支）。

2. 重大疾病备用金：因为普通疾病通过社保医疗和个人工资可以基本解决，主要考虑重大疾病的风险，尽管有社保作为基本保障，但与日益上涨的治疗和看护费用以及万一生病带来的收入下降相比，仍有较大缺口，初步估计每人应准备 10 万元重大疾病储备金以备不时之需。

3. 养老储备：该家庭属于收入中等偏上的中产阶层，有房有车，不希望退休后生活水平发生较大滑坡，因此有必要在社保基础上另外做一些养老金储备，初步筹划应不少于 50 万元。

4. 债务偿还备用金：尽管目前不用急着偿还房屋贷款，但一旦家庭经济发生重大变故，则必须考虑如何保有现有的住房，因此必须有足够的资金来确保不会因不能偿还贷款而失去住所，备用金以将逐年降低的还款金额为参考。

5. 生活品质保证金：现代人的意外和疾病风险不断增加，家庭的小型化使抵御风险的能力进一步降低，因病因意外致贫的例子不胜枚举，所以必须为万一发生的人身风险准备一定的资金，来保证家庭生活品质不会因此降低。

二、认识家庭财务风险

1. 保守投资理财的风险。投资有风险，不投资同样有风险，银行储蓄利率尽管进行了调高，但在通货膨胀的压力下，实际利率仍运行在负数，大量的资金沉淀在存款中，实际购买力在不知不觉间不断流失。由于年纪较轻，有一定的知识，应果断地积极投资，赢得较高的投资回报，以达成人生财务目标的实现。

2. 投资渠道狭窄的风险。在资本市场中，个人投资者因知识、经验、财力、精力都处于劣势，故投资的相对风险较高，所以应采取适当分散的原则进行资产配置，以避免一旦某个投资项目亏损就全盘皆输的局面。我们发现，该家庭投资渠道仅限于房产、股票和民间借贷，投资比例不高，投资意愿不强（房产投资属于历史性机遇，储蓄占比较大，属于典型的鸵鸟心态），缺乏时间和技术（股市前几年深度套牢而没有及时抽身和采取相关措施，在大市上涨时没有及时补仓或追加投入，而是被动的等待），有的还有血本无归的风险（借款开店有经营失败的风险）。

3. 人身风险带来的财务风险。现代社会的自然环境越来越差，环境污染无孔不入，患大病的机会越来越多；工作上的竞争压力越来越大，人们的心态很容易受到影响，过度疲劳成为都市白领的通病；对于高速发展的中国而言，交通事故居高不下，各种意外发生率普遍较高，该家庭男主人经常驾车和出差，风险更甚；甚至假货横行，也给人们带来较大的风险。人的生命不仅仅是生理的生命，还包括经济的生命，即对家庭的经济支撑作用。

三、盘活存量资金进行积极投资

1. 树立积极投资的理念。应该在自己年轻的时候，积极进入高风险但高回报的投资领域，搏取较大的利益，以满足保证人生各个阶段生活品质的需要，否则，仅仅依靠工薪收入和传统理财途径是不足以维系较高的生活品质要求的。

2. 做好合理的投资理财规划。根据目前的年龄，按照7∶3来安排家庭闲置资金做积极投资和保守理财，这样有足够的资金进行高回报的投资，即使投资失败也有足够的时间和金钱东山再起，通过不同的投资和理财组合来实现这个安排。

3. 强化强制储蓄观念。人生的这个阶段，消费欲望较高，很容易过度消费而导致用于投资和理财的资金不足，所以要养成定期储蓄的习惯，通过银行活期储蓄每月固定进行存款，并且每季度使用这些短期积累起来的资金做一次投资或理财性投入，从而达到强制储蓄的作用，这是投资资金来源的重要保证。

四、科学选择寿险作为家庭的保险绳和灭火器

1. 对家庭关爱不仅仅来自用心经营亲情、用时间去表达感情、用努力的工作为家庭创造财富，还应考虑到经济生命的保障，今天预备明天、生时预备死时、父母预备儿女，真正体现爱的无尽关怀，因此，足够数量的人寿保

障是现代家庭的必须品，寿命保额应为家庭收入的 10~20 倍。

2. 现代人寿保险还具备了较强的理财功能，能够帮助家庭已有的财产保值增值，特别是分红险的出现，让客户可以享受到机构投资专家理财的惠遇，而又不用对自身投资知识和精力不足操心。

3. 通过投保人寿保险，以较少的资金赢得较高的风险储备金，来解决家庭投资资金不足的问题。

4. 通过与保险公司的寿险顾问沟通，接受其专业的建议，在众多寿险产品中选择适合家庭财务与风险状况和个人偏好的险种。

五、投保建议

了解其人生最关注的目标有：子女教育、个人养老、个人大病和赡养老人；通过对其家庭风险的评估，其潜在需求有：夫妇双方的意外保障和孩子的重大疾病保障；在此基础上，与该夫妇一起排定优先顺序为：意外保障/大病医疗/子女教育个人养老赡养费用/孩子重疾保障。

1. 意外保障收入中断风险。由于该家庭正处于资金的积累期，且各项支出较多、经济压力较大，若夫妇任何一方因疾病或意外导致不能继续工作，将对人生财务目标的实现产生重大影响，并会严重影响现有的生活；特别是男主人的收入占到目前家庭总收入的 71%，女主人的收入仅仅能够维持家庭基本生活开支，如果万一发生风险，将会造成主要收入来源中断，而一旦房贷款因公积金不足而不能按期偿还会引发多米诺骨牌效应，对整个家庭的财务带来巨大的冲击。

2. 大病医疗。虽然单位有良好的社会医疗保障，但身边有些例子说明社会医疗并不能解决大病来临时的巨额医疗和相关费用，所以每人最好应储备 10 万元作为应对大病的措施，用较少的投入来解决巨额资金的积累问题。

3. 子女教育。因现在的经济能力完全可以支撑孩子幼儿园到高中的各项费用，重点考虑为14年后孩子上大学做好资金积累。作为父母，应准备基本的大学教育金储备，可能发生的高额教育金不能仅仅凭借储备去解决而应该通过投资方式。

4. 个人养老。社会养老保险的保障额度较低，不足以支撑高品质的退休生活，所以应储备一定的资金作为养老资金。

5. 孩子重疾保障。现在重大疾病的患病年龄在不断年轻化，所以为孩子做一些重大疾病的打算也是很有必要的，并且年龄较小，投保重大疾病保险保费较低（这一点由于该夫妇的认识还存在不足，故这个计划没有为此设计险种）。

理财案例2：L女士的老公年收入10万元左右，L女士年收入3.5万元。另外，每年公积金4万元，目前存款2万元。每月还房子商业按揭款3 000元，生活费1 000元（与父母住一起，每月支付），每月其他支付1 500元（汽车约用1 000元，其他开支约500元）。女儿刚4个月。今年还需在年底还父母4万元购车款，春节向双方父母送礼6 000元，每年其他开支（如购衣、聚会、结婚送礼等）2万元左右。L女士作为咨询理财师该如何理财才能达到最好效果的收益？

理财分析：L女士的家庭年收入17.5万元，已跨入了中产阶层。今年家庭年支出13.2万元，年结余4.3万元，结余比率约为25%。但家庭财务结构欠合理。目前家庭流动资产较少，抗风险能力较弱；从现有资产安排来看，没有投资金融资产；家庭风险保障力度不足；家庭收入来源单一，无工作外收入。因此，今后家庭的理财活动应围绕注重积累、提高金融资产比重和投资收益这一中心来开展。

理财建议：

1. 筹划子女教育金。女儿刚 4 个月，让其接受最好的教育是 L 女士家庭将来最大的希望，且随之成长，此部分费用可能会增加较多，因此教育金规划十分必要。建议 L 女士从每月收入的结余中首选基金定期定额投资方式，每月至少规划出 1 000 元、年储蓄不少于 12 000 元选择合适的基金定投。选择中途可赎回、兼具流动性和收益性的基金产品。

2. 安排家庭应急资金。用月固定支出的 3~6 倍资金继续以银行活期存款或货币市场基金的形式作为家庭应急资金安排。另外，可办理一张银行信用卡，利用适当的信用额度作应急金的补充。

3. 计划中长期投资。建议将年度结余的 30%~40%购买安全可靠收益稳定的银行理财产品和投资开放式基金。如未来该部分投资不作其他用途，则可作为夫妻俩养老退休准备金。另外，在牛市格局逐渐形成的形势下，若 L 女士家庭具备一定的投资经验和风险承受能力，基金、股票都是获取高收益的投资途径。

 ## 都市丽人如何理财

大都市每天都吸引着许多年轻人怀揣着梦想来到这里打拼、奋斗。他们为大都市的发展挥洒着勤劳的汗水，也为自己的明天勾画着美丽的蓝图，他们一步步地融入这座都市，逐渐地成为其中的一分子，成为了这座都市中一道亮丽的风景线。

那么，对于这些都市丽人应该如何理财呢？怎样才能让女性朋友在都市的奋斗中快速积累自己的财富呢？

理财案例：小陈两年前大学毕业后来到上海工作，是个典型的"新大都市人"。由于工作勤奋，在某 IT 公司任项目经理的她每月税后收入约为 8 000元，属于中等偏上。可是由于小陈在上海没有住房，目前暂时靠租房解决居住问题，每月仅房租的支出就在 1 200 元左右。加上日常开销（主要是聚会或自己下馆子吃饭）和每个月给父母的补贴，基本没有节余，属于无奈的"月光族"。想到今后还要买房结婚，小陈就有点迷茫了，自己是不是需要理一理财呢？

理财分析：像小陈这样的"新大都市人"，事业处于上升期，不出意外的话，收入会稳步上升。而这个阶段更是人生积累财富的第一个关键阶段，这个"底子"打得好不好，直接影响着她今后的生活。如何有效利用稳定的收入来积累财富是其当务之急。

理财建议：

1. 开源节流。目前小陈的收入主要用于房租和日常的聚会吃饭，基本占了工资的七八成，剩下的钱除了孝敬父母外，储蓄率基本为零。所以，在有限的收入来源的前提下，如何做到"节流"十分关键。类似于小陈这样的年轻人很多，小陈完全可以通过与同事或朋友合租的方式来减少一半的房租支出。一般的饭局，能推则推。其实自己动手做饭，卫生又实惠，何乐而不为呢？

2. 强制储蓄。如果做到了第一步，每个月就能省下两三千元，这笔钱一定要在工资一发下来就存入银行。建议小陈不妨到银行签署 3 年的"基金定投"协议，银行会连续3年每个月从其账户中扣除2 000元购买基金。这样一来不但使平时莫名其妙花掉的钱省了下来，更可以在3年后为小陈的婚姻大事提供一笔不小的现金流。至于剩下的钱，可以作为紧急预备金存入活期储蓄账户。

3. 建议小陈办理可以透支又有免息期的信用卡作为自己的资金周转工具。在平时的消费中，享受刷卡消费便捷的同时，充分利用免息期，达到资金的最大利用率。为了避免忘记还款的尴尬，可以到发卡行办理自动还款业务，每个月的还款日银行会自动从小陈的账户中扣除透支金额。

像小陈这样年轻的都市丽人，如果能够严格执行既定的理财计划，再养成平时记账的好习惯，那么积累第一桶金绝对不是什么难事！

没有投资经验的家庭女性如何理财

投资理财是一个技术活，如何进行科学高效的投资并不是每个人都能掌握的。对于没有投资经验的理财者，切不可跟风从众，否则将会给自己带来极大的损失。因此，没有投资经验的女性想要进行投资时，一定要坚持稳中求升的原则，选择一切最适合自己的、风险系数小的投资产品进行投资。

张女士今年35岁，是一位外企白领，主要从事人力资源工作；丈夫刘先生今年40岁，在一家私营企业工作；有一个10岁的女儿，上小学四年级；家里的住房贷款已经提前还清，没有任何负债；有10万元存款。

由于一次性还了房贷，家里所剩的资金并不算太多。考虑到小孩的上学费用和夫妇俩以后的退休生活，张女士有点担心，因为听别人说，退休和孩子教育金准备得越早越好，而她目前还没做任何计划。前一阵股市很火，带动基金收益连连走高，单位里的同事每天都在谈论理财、投资、基金，都疯狂去抢购新发行的基金。张女士以前没有做过这方面的投资，也不太敢跟风。

张女士家的财务状况还不错，没有负债，而有一定储蓄。但是，从张女士家庭对资金的需求来看，还是需要做一些投资，来加快家庭金融资产的保值增值。

一、投资基金最合适

在众多的金融产品中，基金是广大普通投资者的首选。因为，一般的投资者很少有足够的专业知识、时间、精力去关注证券市场，购买基金是一种间接参与证券市场投资的非常好的渠道。

在我国，目前的基金全称叫证券投资基金，基金管理公司通过发行基金单位，集中投资者的资金，由基金托管人（即具有资格的银行，国内基本上是商业银行）托管，由基金管理人管理和运用资金，从事股票、债券等金融工具投资，然后分享收益，同时也共担投资风险。

从全世界的经验来看，在所有的基金中，开放式基金（在国外叫共同基金）是主流，世界上90%以上的基金都属于开放式基金。在我国，以后不再发行新的封闭式基金，所有已存在的封闭式基金也将在存续期满后，转为开放式基金。

因此，从张女士家庭的实际情况来看，开放式基金将是目前最合适的投资方式。投资开放式基金有以下优势：

1. 分散风险。投资风险主要分为两类：系统风险和个体风险。从理论上讲，如果一个投资组合中包括了 20 只不同类别的股票，基本可以避免个体风险。而普通投资者很难有足够的资金去直接拥有 20 只股票。通过基金投资，就可以以很少的资金拥有一个大的股票组合，分散投资风险。

2. 享受专业服务。管理基金的基金经理一般都是有很好的学历背景、较长的证券从业经历、丰富的证券投资经验，这是广大普通投资者所不能比拟的。

3. 收益免税。为了鼓励大家进行投资，基金投资的收益免收个人所得税。

4. 安全性强。投资者的资金全部托管于有托管资格的商业银行的托管账户中，托管银行负责监督托管账户资金的使用，使得投资者的资金安全有了很好的保证。

二、挑选基金有讲究

既然基金投资有这么多的好处，那怎么来挑选合适的基金呢？这里给张女士提供以下几点建议。

(一) 认识自己

每个人都有不同的财务状况、财务目标和投资偏好，因此，投资方案也是互不相同。从张女士的情况来看，2 年后小孩就要上初中了，因此，挑选一个好的学校非常重要。要择校，就需要交纳高昂的择校费，这在现实的社会中根本无法避免。

张女士首先要准备好这笔钱，家里有 10 万元存款，可以动用这部分积蓄。因为要 2 年后使用，所以要采用保守一些的投资。期望年收益 8%，现在的 3.5 万元，在 2 年后能变成 4 万元，最好以保守配置型基金和债券型基金为主。剩余的 6.5 万元中，留 2 万元作为家庭的应急备用金，剩下的 4.5 万元可以选择比较进取的投资策略，以股票型基金和积极配置型基金为主。

另外，每个月可以从工资收入中拿出部分资金采用基金定投的方式进行投资。

（二）选择基金

1. 基金管理公司。选基金，首先要选声誉好、历史长、管理资产规模大、研发能力强的基金公司。

2. 基金以往业绩。选好基金公司后，可以挑选该基金公司旗下的明星基金。虽然历史业绩不能代表将来的业绩，但是，历史业绩的确是一个很好的参考。

3. 投资组合和投资风格。同类型的基金，也会因为基金经理的不同，而显示出不同的投资策略和投资风格。目前在网上能查到基金前一季度的十大重仓股，从中可以看出基金经理的投资偏好，可以作为参考。

4. 风险情况。按照风险水平，我们大致把基金分为四类：股票型、配置型（又叫混合型）、债券型和货币型。这四类基金的收益从高到低，投资者所承受的风险也是从高到低。要结合自己的具体情况进行选择。

5. 参考权威机构的排名。目前国内有一些机构会定期对开放式基金进行基金排名，比如晨星、中信等，机构的基金排名可以作为基金选择的一个参考，但不是唯一因素。

（三）投资组合建议

总的来讲，基金投资是长期投资，建议张女士购买基金后持有 2 年以上。投资者看重的应该是基金的长期回报，而不应太注重短期的波动。整个基金组合以 3~5 只基金为宜，建议张女士的基金组合为 2 只股票型基金搭配 1 只配置型基金。

选择基金时，尽量选那些长期表现比较好的老基金，而不建议选择刚刚发行的新基金。很多投资者都愿意选择新发行的基金，觉得便宜，这其实是一种投资误区。

（四）如何购买基金

张女士可以在自家附近的银行办理一张理财卡，利用银行的银联通基金超市，来走基金直销渠道，不但可以享受费率打折的优惠，而且还可以 24 小时网上下单购买，避免了在股市交易时间去银行排队购买的麻烦。

经济相对宽松的家庭女性如何理财

理财，是一种增加对以后应对生活问题和挑战的能力。对于经济情况相对宽松的家庭，女性朋友要想提高家庭的生活质量，就要尽早做好理财规划，投资一些理财产品。否则，当你需要资金的时候再临时抱佛脚，就无济于事了。

理财案例：赵女士在一家大型国企工作，目前月工资在 2 000 元左右，其他月收入 3 000 元左右；丈夫月薪 3 000 元左右，工作比较稳定，在单位有 20 万股份，年终分红 20%。双方均有大病、养老、基本医疗保险。给刚出生 50 天的儿子买了一份教育险，年缴 3 200 元；现有住房贷款 22 万元，月付 1 700 元，按揭 19 年；平时每月开支在 2 000 元左右。现有存款 3 万元。双方父母在农村，过几年就需要赵女士夫妇养老。赵女士希望在近年内换个大套房子或购一辆私家车，不知如何规划投资理财？

理财分析：赵女士属于中等收入家庭，且夫妻双方收入稳定，大病、养老及医疗保险齐全，每月支出中按揭费用占家庭总支出的 43%，经济压力不大，而且没有投资支出。

理财建议：

1. 从长期来讲，年轻的时候如果能积极地安排理财投资，对于个人及家庭的财富增长是非常有利的。因此，我们建议赵女士增加每月固定的投资支出，比如可以将每月结余的资金做基金的定期定投。基金的定期定投在国外是一种很成熟的投资方式，在国内还处于刚开始的新兴业务。客户通过网上银行设置好每月（也可以每两月或每季）投资的金额、日期及持续期限，系统会根据设定自动发起基金的申购。

2. 赵女士目前处于上有老、下有小的状态，因此，其投资除了要追求高额的回报，还要考虑到一定风险承受能力。建议将现有的 3 万元银行存款分作两部分，一半作为家庭的备用金（一般家庭备用金为 3 个月的家庭月支出），另外的一半与丈夫每年的年终分红一起形成一笔专门的投资资金，选择收益与风险相对均衡的股票型基金。

3. 如果要购买私家车，以 10 万元左右的家用轿车来计算，车价加上购置税、保险及一些其他费用，几乎是赵女士家庭一年的全部收入。所以，如果不是急需用车，建议过两年再考虑此事为好。

分居两地的家庭女性如何理财

有时候，由于工作或是其他的原因，夫妻会有分居两地的情况。那么，在这种情况下，女性朋友应该如何做好理财规划，科学高效地理财呢？

理财案例：安女士和先生分居两地，有一个不到 3 岁的儿子，先生在外地从事房产策划与营销（收入约占家庭总收入的 90%），他的工资一直都是活期存款，半年一次带回家里，既没时间、也没兴趣去打理。安女士家有两处房产，一处自住，另一处准备出售。但先生还想在工作地买一套小户型，估计买价 17 万元左右。安女士也希望尽快结束这种两地分居的生活，但又担心在异地买卖房产会比较麻烦。

另外，安女士的先生有社保和医保，而安女士只有社保，不知道要增加什么样的保险比较合理。安女士家有 11 万元放在货币基金里，另有 6 万元活期存款，今年 9 月份开始买了 3 只股票型基金，每只每月定期定额投入 500元。现在，安女士想知道这笔资金是用于提前还贷，还是买一些股票型基金持有比较好？

理财分析：从提供的材料来看，安女士对家庭的财务状况有比较清晰的掌握，理财观念较为科学，并尝试性地进行了投资，但因为投资的时间较短，效果没有显现。

安女士家庭的财务状况基本合理，资产总量、流动性都比较高，支出控制基本合理。目前，需要解决的主要问题是资产分散导致利用效率不高。

安女士的先生的收入约占家庭收入的90%，但每半年才能实现，且也以活期存款形式存在，由于空间和时间上的差异不能及时有效地加以利用，收益较低。因此，安女士每月需要支取存款补贴家用，家庭每月的收支平衡被打破。

此外，安女士家财富积累主要来源于丈夫的工作收入和房产投资收益，生息资产比例和收益率较低，这也是财务自由度为零的根本原因。

理财建议：

1. 网银及时集合全家收入。实际上利用现有的银行理财工具，可以非常容易实现对现金的集中管理。安女士目前持有几家银行的存款账户，因此，丈夫可在工作地办理同一家银行的银行卡并开通网上银行业务，把每月收入留足生活费用后，用网银的转账功能转到安女士账户上，用于家庭日常生活支出。这样，安女士家的现有金融资产便可从长计议，制订新的投资策略。

2. 归并现有账户，区分生活费用和投资账户。如果没有特殊原因，建议安女士仅保留两家银行的账户即可，这样可以更清楚地把握资金的来龙去脉。一个账户专门用来支付家庭日常生活费用，根据目前的家庭状况，这个账户以活期存款等形式存在，总额保持在10 000元。另一账户专门用来进行投资。

3. 积极投资，获取更好收益。安女士应当更积极地运用目前已经积累的可投资资产，增加收入的渠道，提高资产的综合收益率，使家庭财富更加殷实和健康。目前，安女士已经开始定期定额投资3只股票型基金，接下来建议持续坚持这种投资，并进一步增加高风险收益产品的投资比例。

建议安女士在保留10 000元日常生活费用后，将11万元的货币基金和5万元的活期存款，共计16万元购买股票型基金和股债混合型基金。安女士可以根据自己的风险偏好，选择不同的投资比例。

如果能够接受较高的波动幅度，可以用 60%~70% 的资金约 10 万元来购买股票型基金，6 万元购买股债混合型基金，否则，就调换购买的比例。每月的节余，也要按照这种比例，继续进行定期定额的投资。

4. 以静制动，确保房产投资成果。安女士家庭投资资产结构中，房产已经占据了较大的比重，不适合再增加这方面的投资。至于能否卖掉现有的房子，再去购买丈夫工作地的新房，还要综合考虑房价、房产增值潜力、交易费税等方面的情况。安女士的丈夫是做房产策划与营销的，应当非常了解情况。还有一个重要的考虑因素就是结束两地分居的具体时间，需要家人共同协商。在做出决定之前，建议将现有的房产出租，获取较为稳定的租金收入。

5. 购买意外伤害保险。因为安女士丈夫在异地工作，最少每半年在两地往返一次，因此，建议安女士为丈夫购买人身意外伤害方面的保险就可以了。因为有社保，医疗方面的保障可以不必过多考虑，医疗费用方面的缺口可以通过既有资产和投资收益来进行弥补。

第四章
魅力女人，理财时尚两不误

高品质女人省钱讲技巧

　　女性朋友们在生活中往往追求的是生活的品质，可是如果一味地苛求生活品质，不懂得理财，那么生活迟早有一天会让你感到艰辛和苦涩。所以，高品质女性不仅仅是享受生活的高手，同时也是理财的"能工巧匠"。只有懂得如何省钱、如何理财的女性才能持久地享受高品质的优雅生活，才能在生活中既幸福又快乐。

　　具体来说，女性朋友可以从以下几个方面提高自己的理财能力。

　　1. 尽量不打车。把家搬到公司附近，每天步行上班，且把公司附近的购物、吃喝玩乐各项去处摸得一清二楚，打电话聚会时，总会说："我附近有某处……"于是，总是别人打车飞奔而来。

　　2. 化妆品一律从国外带回来。除了美白产品可在香港买外，其余均可托人在欧洲买，事实证明，欧洲的化妆品价廉物美。

　　3. 从内部渠道买衣服。通过各种关系认识品牌的销售人员，所以，即使是新装上市，也能拿到较低的折扣。

4. 高档衣服少而精。衣橱里总有几件上档次的服装，应对任何场合，价格在 500~2000 元间，却绝不重复。

5. 平日里乐善好施。自己买的不合适的衣物、化妆品等，及时送给朋友，无形中就是一个人情。过后，再从朋友处得到另外的回报。

6. 登录二手网站。家里只有一个小孩，很多衣服还没有来得及穿，他就长大了，还有朋友送的小玩具、小摇车，把这些东西放到网上的二手网站上，交易成功，是一笔意外的收入呢。

7. 买菜时间有讲究。超市的菜不一定就比菜场贵，一般而言，若是早晨去早市上购买，不仅菜新鲜而且绝对便宜，但下班的时间正是超市的菜买一送一的大好时间，这时去超市买，收获颇丰。

8. 常逛生活小店。常逛生活杂货店，小巧的家饰用品总是让人爱不释手，利用年终特卖时，以一半的价格就可以带回家。

9. 改装经典服饰。婚前花大价钱追逐的名牌，现在想来就是败家。把这些服饰做些许改动，珠片、小钻、镶花，雍容华贵之气依然逼人而来。

10. 家中 SPA。去美容店做 SPA，一次尚可，长期就是一种浪费。其实浴盐、天然精油、木桶，很容易在市场上买到，同样的东西，同样的效果，但价格却相差甚远呀。

11. 废物回收利用。学学日本主妇吧，琐碎的日子一样过得生机盎然。用带颜色有漂亮图案的透明胶带，重新粘贴旧盒子，既环保又好用。

12. ATM 提款。使用提款机时，最好是哪一个银行的卡用哪一个银行的提款机，因为，现在虽在同一提款机上可以提不同卡的钱，但跨行还是有手续费的。

13. 住宾馆后别浪费。出差住宾馆离开时，别忘了有些东西是可以带回家用的，如一次性的沐浴用品，市场很难买到的鞋擦，一次性的剃须刀和牙刷，可以给来自己家住的朋友用。

学会理财才能更好地享受生活

在市场的消费主体构成上，女人无疑是最大的主力军。所有的商人都知道，女人的钱好赚。这并不是说女人爱花钱，而是说女人喜欢购物、喜欢消费。这也是由女性的心理特点所决定的。有时女性购物并没有明确的目的或者很鲜明的针对性，很多时候女性购物就像是饭后的一小段散步，有一种消遣的性质。

因此，女性朋友无意间就会花费掉很多的钱，不管是计划内还是计划外的。甚至，有的时候，女性朋友成为了"月光"的代名词，"透支"的监护人。

现在女性特别是白领花在行路上的钱就让人感觉有点奢侈，一个月收入不到 2 000 元的人，打车也得七八百元。可某公司企划部副经理魏小姐，一个月的打车费很少超过 200 元，她说："公司楼下就是公交车站，乘大公交出行方便；有发布会的时候，估计到酒店还有两三公里路时，下来拦一辆车型好的富康或桑塔纳车，一个起步价就到了发布会现场，走下来的时候一样风风光光，岂不是又省劲又便捷！"

做广告策划的钟小姐，在穿衣上丰富多彩，却又讲究经济实惠，据说，这是在大学里跟一个日本留学生学的：在购衣费用中花 1/3 的钱买经典名牌，多数在换季打折时买，可便宜一半；另 1/3 的钱买时髦的大众品牌，如条纹毛衣、格子百褶裙、闪色衫衣等，这一部分投资可以使你紧跟形势，形象不至于沉闷；最后 1/3 的钱，花在买便宜的无名服饰上，如造型别致的 T 恤、白衬衫、工装裤、运动夹克等，完全可以依照你自己的美学观点去选择。有时，从外贸小店里找来的无籍无名的运动夹克，配上名牌休闲 T 恤和长裤，那种"唯我才有"的创造性的发挥，也能散发出一种独特的魅力和气质。

姚女士原来在买衣服方面消耗颇多，她发现自己往往在低价的诱惑下经常会做一些蠢事，比如无原则地迁就衣裳的尺寸、款色和它适应的场合。后来，姚女士在每次购物时为自己定下"3W"原则，即在买削价衣服时，问自己三个问题："我为什么（Why）看好这件衣服，是因为自己喜欢它，真的在第一时间需要它，还是仅仅因为它便宜？""我买下来，有多少场合（Where）可以穿它，它适合出现在闺房里、办公室、大街上，还是幻想中的疯狂 Party 中？""我在什么时候（When）可以穿上它？一周后还是一年后，还是等我孩子都上了大学以后？"如果这三个问题都通过了，OK，买下来基本就不后悔；如果其中有一个问题通不过，就坚决不买。

做市场调查的刘女士对那些频繁出入超市的年轻女同事说："开好购物单，打的去仓储。"她每周收集常去的超市的广告信息，包括有哪些优惠价的货品卖。到周末，她先乘公交车到达目的地，然后，攥着购货清单一样样去选，把购买时间控制在 45 分钟内，最后打的回家。她一般去一次可买半个月的食品及日用品。

可见，理财是一种生活智慧。女性朋友们，懂得理财才能享受生活，才能获得真切的实惠和富足。如果女性朋友任由着自己的性子消费、购物、花销，那么最终生活将给予你一个破败的窘境。所以，女性朋友在享受生活的时候要先学会理财。

 节俭，打造靓丽智慧的人生

节俭不是对自己苛刻，节俭也不是吝啬。节俭是一种智慧，是一种理性的生活。对于女性朋友而言，节俭的生活不会降低生活质量，因为很多时候我们的挥霍是一种奢侈，是因为我们没有掌握最适宜的方式。所以，女性朋友注重节俭、培养自己的理财意识，才能打造自己的靓丽生活。

下面，我们就看一下"漂亮阿姨"是怎样在理财中保持优雅生活的。

1. 节俭从免费午餐开始

2008 年 4 月 26 日是"漂亮阿姨"很得意的一天。

笔者在上海静安寺附近一家证券营业部的中户室里见到她时，她正在吃着快餐午饭。50 岁刚出头的陈阿姨衣着很朴素，但是很干净利落，脸上挂满笑容，总是显得比实际年龄年轻又漂亮。

笑的理由很简单，她前天趁着大盘创新低的时候在 4.70 元附近"捡"了一些"中信证券（600030）"，中午休市的时候已经爬上了 5 元，心情当然格外的好。

"我不忌讳人家说我节俭，我觉得这不是坏事，但我是有原则的。

"第一，只省自己的，不省别人的，决不占别人的小便宜。自己花钱上饭店大吃我不愿意，但无缘无故要朋友请客吃饭我一样难受。

"第二，省钱不苛刻该花钱的地方。奢侈的消费当然要杜绝，但是，有些要上台面的事情也不能坍台，比如去吃喜酒或者拜年，礼服决不随随便便。

"第三，我把省钱看做一件要动脑筋的事情。很多事情用点心思，会发现既省钱效果也好，不是一味地不吃不买。"她很斩钉截铁地说。

其实，今天的午饭就颇为说明问题。

"漂亮阿姨"星期一到星期五的日常安排，就是每天早上 7 点打拳锻炼，9 点出门去中户室"上班"，下午 3 点半"下班"买菜做饭。

"家里也有电脑，是 1 年前花 1 000 元买来的二手机，但我还是喜欢每天来中户室。""漂亮阿姨"说，"因为，这里每天管一顿盒饭，味道不错，我这人做饭水平不高，自己在家吃麻烦，还不如这里好吃，骑自行车来也只要 10 分钟而已，所以，就每天来。"

2. 衣食住行无不精明

"我买那里的房子很要紧的一个因素，是它靠近家乐福超市，走过去只要 5 分钟，走到坐免费班车的地方甚至只要 3 分钟。""漂亮阿姨"说，"之所以强调'免费班车'，很重要的原因是，这是我出远门时理想的交通工具。我很熟悉家乐福班车的路线和日程表，换 3 趟车可以到我的女儿家。她住得远，打车过去要 50 元左右，坐公交车或者地铁之类至少要换 3 次车，坐家乐福的班车也是换 3 趟，时间差不多但免费，而且基本保证座位，何乐不为呢。"

确实，在衣食住行等各方面，"漂亮阿姨"都体现着节俭的精髓：不但省钱，而且生活质量没有大的下降，让人处处感叹"何乐不为呢"。

说到衣，她深通"反季节购物"之道，杜绝"名牌货"入门，因为，她觉得名牌货至少一半价钱花在广告上了，实在不值得。此外，她还精通各市场等便宜货云集之所的购物地图，一般规划好了两年里要添的衣裤鞋袜等，来个一次性批量采购，成本省去很多。

说到食，除免费午餐之外，她也是个精通"打折时间"的高手，附近面包房几点以后开始打折，家乐福最近有何特别便宜之物，都是她关心的对象。她还颇为关注养生，买保健品不买"某白金"之类的成品，广告越多的越不买，她都是直接找到中药饮片厂去直购药材，山楂、黄芪、党参、白参之类买来熬补汤，早上起床吃天然蜂王浆，冬季泡药酒给其先生喝，算下来成本比到市场买便宜一半还多。

说起住，"漂亮阿姨"2001年初就在曹家渡附近某楼盘买了一套三室一厅的房子，当时只有每平方米4 600元左右。当初为买房将从股市里套出来的50万元一次性付了房款，没想到还幸运地"逃了顶"。一年后，她又在同一个小区买了一套三室一厅的房子，虽然当时房价已经涨到了将近7 000元/平方米，但是，对比现在已经超过17 000元/平方米的价格，她的投资还是取得了非常大的成功。如今两套房在手，她一住一租，毛坯房刷个墙租给别人开了家小公司，一个月现金流也有3 000元，租金谈得不高，但她要求一次性付一年，省去要钱、换租户的麻烦。

说起行，换免费班车自是她的特长，就连旅游也省钱。她以前考过导游证，也替一家旅行社干过几个月，熟悉其中关节。每年中学同学聚会，要好的十来个人都要组织出游，她是公认的最熟悉线路也最能安排得又省钱又愉快的人，所以，自然由她来组团。根据规定，只要满16个人就可以免导游的门票餐费等，而她每次都想办法凑上这个人数，于是，每次都能只花个路费就旅游去了。同学们都知道她这么做，但是，因为跟她去，总能比跟旅行社去省钱还愉快，也就都乐得让她省下一份了。

最令笔者佩服的是"漂亮阿姨"的学习劲头。她深信"书非借不能读也"的道理，在上海图书馆办了阅览卡，每个星期六必到，从早上9点到下午5点，她"如同一块海绵在知识的海洋中吮吸"，证券类报刊和《理财周刊》是必读物，宏观财经类报刊是有选择地读，其他关于旅游养生的读物也有所涉猎。

"漂亮阿姨"的日子虽然节俭但一点也不清苦。

看了"漂亮阿姨"的节俭之道，相信女性朋友能够理解节俭的生活才是靓丽的生活了吧。

通过合理分析物价等生活成本的构成，她抓住了一些省钱的关键。比如，理性对待广告宣传，不盲目跟从社会上的流行风；能找到批发或直销点的，就坚决自己杀上门去买，省掉中间环节；还有，合理运用一些社会便利设施如班车、图书馆、中户室、导游证等，让很多花费合理"蒸发"。

其实，"漂亮阿姨"不仅节俭，还过得挺舒适。她工作生活条件都很舒适，中户室、图书馆天天空调沙发伺候着，家里日常打扫都用钟点工，每天晚上看看影碟（都找小区里几个一起打拳的邻居借了看，作为回报，她去直销药材的时候帮她们捎带一起买），书报杂志看个够，知识面超过一般大学生，每年保证出门旅游一次。这小日子，比那些前吃后空，甚至靠贷记卡过日子的"月光族"岂不强上百倍？

"漂亮阿姨"的省钱秘籍就是一句话，以生活的态度生活，不攀比、不虚荣、不冲动。用公式来表示就是：理性务实+聪明规划+不怕麻烦=幸福靓丽的生活。

时尚丽人如何平衡自己的收支

身在职场，对于女性朋友而言，就像是花儿绽放在了春天里，时时摇曳散发着迷人的芬芳。可是，在这些职场时尚丽人的背后是一种入不敷出的支出。特别是初涉职场的女性朋友，工资微薄、金钱有限，然而漂亮的衣服、高档的化妆品，各种自己喜欢的小玩意、零食，还有朋友的约会、时尚杂志、CD 等却成为了几乎所有女性朋友消费的重点和生活的必备品。可以想象，如果女性朋友不懂得如何理财，不知道对自己的资金进行筹划和安排，那么女性朋友的华丽将是昙花一现。

女性朋友应该如何平衡好自己的收支，在生活中理财呢？

具体来说，我们可以把支出分成三大部分。

首先，拿出每个月必须支付的生活费。如房租、水电、通信费、柴米油盐等，这部分花费约占工资的1/3。它们是你生活中不可或缺的部分，满足你最基本的物质需求。离开了它们，你就会像鱼儿离开了水一样无法生活，所以，无论如何请你先从收入中抽出这部分，不要动用。

其次，是自己用来储蓄的部分，也约占你收入的1/3。每次存钱的时候，大约都会很有成就感，好像安全感又多了几分。但是，到了月底的时候，往往就变成了泡沫经济——存进去的大部分又取出来了，而且，是不动声色，好像细雨润物一样就不见了，散布于林林总总自己喜欢的衣饰、杂志或朋友聚会上。这个时候，你要大声对自己讲："我要投资于自己的明天，我要保护好自己的财产。"起码，你的储蓄要能保证你3个月的基本生活。要知道，现在世道艰难，很多公司动辄减薪裁员。如果你一点储蓄都没有，一旦工作发生了变动，你将会是非常被动的。而且，这些储蓄可以成为你的定心丸，实在工作干得不开心了，你可以无须再忍，愤而挥袖离职，想想是多么大快人心的事啊。所以，无论如何，请为自己留条退路，存进银行的钱不要随便取出来。

剩下的这部分钱，你可以根据自己当月的生活目标，侧重地花在不同的地方。譬如五一、十一可以安排自己旅游；某月服装打折时可以购进自己心仪已久的牌子货；还有平时必不可少的朋友聚会的开销。这样花起来有点目标，不会太过手散，花完了都不知道钱花在了哪里。最关键的是，如果一出手就把这部分钱用完了，也当是一次教训，可以惩罚自己一个月内什么都不能再买了（就当是收入全部支出完了），这样印象会很深刻，而且也非常有效。

当然，我们应该知道节流只是生活工作的一部分，就像大厦的基层一样。一旦脱离了"菜鸟"身份，对于职场中的各位同仁来讲，更重要的是怎样财源滚滚、开源有道。为了达到这个新目标，你必须不断进步以求发展，培养自己的实力以求进步，这才是真正的生财之道。

学会理财，要经得起诱惑

在五颜六色的生活中，充满着各种各样的诱惑，特别是对女性朋友而言，这种诱惑有时甚至是致命的。它能够在不知不觉中让女性朋友的钱包变得干瘪，辛辛苦苦赚来的钱财不翼而飞。女性朋友作为市场消费的主力军，一直都是商家瞄准的对象。商场琳琅满目的化妆品和各式各样亮丽夺目的服饰，都让女性朋友挪不开脚步。

因此，女性朋友在消费购物时就很容易掉入商家的"陷阱"，失去客观理智的判断，出现盲目消费的情况，给自己带来金钱的损失。那么，女性朋友们面对这样的诱惑，应该怎样既不委屈自己，又能使钱包"年年有余"呢？

1. 衣服宜精不宜多

女孩们早上出门前通常精心挑选、搭配当日的衣服。看着衣柜里挂满了各式各样、五颜六色的服装，可总觉得没有几件合适的，这就是平时买衣服贪多的结果。

注意少买便宜好看但质地不好的衣服，因为质地不好的衣服穿几次后很容易变形。而质地好、做工精细的衣服，虽然贵些，但很耐穿。所以，衣服可以少买几件，但一定要挑质量好和做工精细的，这样更划算。

2. 不买不实用的东西

去商场逛的时候，看到喜欢的东西就往购物车里丢，比如说婴儿用的小碗，喝白酒的雕花小杯和喝红酒用的高脚杯之类的东西，因为一时觉得好看，就买了回来，其实几乎没什么用。还有装水果用的工具也有很多，什么篮篮筐筐，塑胶的、金属的、木质的，看了喜欢就忍不住买回家了。这样不但花钱，而且，这些不实用的东西还很占地方，因此，建议女孩们购物时，先想一想这件商品实不实用，或者家里是否已有类似物品了。

3. 妥善面对打折

打折的诱惑对女孩们是很有吸引力的，女孩们往往经不住诱惑，遇上商场打折就拎回一大堆衣服或食品。要妥善面对打折诱惑才能省钱。比如说服装，不要因为价格便宜，就买下不十分满意的衣服，这种情况下采购的衣服往往也很容易被打入冷宫；对于特价的食品，也要注意保质期，避免有效期内吃不完造成浪费。

4. 初期记账，计划好支出

有的人认为如果每天都记账，未免太烦琐。但消费记账确实是迫使你省钱的好方法。很多人都有这种经验：一张百元大钞，一打散一会儿就用完了，自己都不知道买了些什么东西。如果你把这些消费记下来，过后浏览，会觉得其中有一部分是没有必要的花费，下次遇上相似的情况就能省一省了。这样久了，自然会养成不乱花钱的习惯，到那时自然就可以不记账了。

总之，该花的要花，能省的也要省。省钱不是小气，而是要在保证生活质量的前提下，为自己今后的生活多备一份保障。学会省钱，学会理财，才能学会生活，才能靠自己的现状享受最完美的生活。所以，女性朋友在消费购物的时候一定要经得起诱惑，学会理性地消费、科学地消费。

节假日购物女性要掌握技巧

节假日一般是消费购物的高峰期，一般来说，每逢节假日人们的消费购物的能力就会大大提升。这不仅仅是因为节假日人们时间上有了空余，也因为商家往往会抓住节假日的时机采取各种各样的策略来推销商品。再加上女性朋友天生是喜欢购物和逛街的动物，所以女性朋友在节假日购物时一定要讲究策略，掌握一些省钱的方法和窍门。相反，如果女性朋友在节假日看到心仪的商品就买回家，不讲技巧，不仅会多花费很多的钱，而且有时候买回家之后会发现其实有些商品自己并不需要，只能扔在家里。所以，女性节假日购物一定要讲究技巧，保持冷静。

具体来说，女性朋友在购物的过程中可以采取以下几种策略应对节假日购物，从而使自己的节假日购物得到最大的实惠。

1. 促销手段比"三家"

为了吸引消费者，节假日里商家各种打折促销的花样甚多，有的买 100 元返 20 元、有的打 7 折，还有积分满额换购物券等等。究竟哪个合算，你还得货比三家，看返券哪家返得更多，打折哪家打得最狠。这样你买同类商品就不会吃亏了。

2. 交通工具要慎选

节假日出门购物最好乘坐地铁和公交车前往目的地，开车前往就不太划算了，因为乐于逛商场的人士这会儿进商场大半天是出不来的，多数情况从上午 10 点进去到晚上 9 点关门出来比较正常，按照一般 5 元/小时的停车费计算，这一天就是 55 元的停车费。何苦去做这个冤大头呢？

3. 吃喝就近简单点

好不容易有时间出来逛街，不吃点大餐犒劳自己一下未免有点说不过去。你要这么想就又失算了，节假日里什么都贵，这正是商家捞钱的时候，吃嘛嘛贵，不然，怎么叫黄金周呢。商场周边的餐馆最好慎重选择，不熟悉的别去。这时候吃商场周围的快餐和大排档是最合算的。

4. 购物计划列清单

节假日想买什么，你一定心中有数，可惜多数女士进了商场就马上忘记了初衷，所以，建议你出门前最好列个清单，什么东西是必须买的，什么东西是可买可不买的，什么东西是一看就想买但是坚决不能再买的……到了商场你一定要冷静，不要见什么便宜就买什么，想想家中衣柜里那堆从没穿过的衣服吧，不要贪图小便宜，一定要合理消费。

爱在长假出游的女性如何省钱

热爱大自然的女性朋友一到长假就喜欢到处游玩，玩乐时兴高采烈，可返程时想想耗费的大笔钱财，也不免有些心疼。其实，旅游可以变得很简单、很实惠。只要你掌握恰当的方法，就能为你节省下一笔不少的钱。比如，你参团旅游与自驾游，花费就会差别很大。另外，不管是参团旅游还是自助出游，如果我们能够提前制订好完备的计划，在旅游时注意一些细节问题，同样也会给我们节省不少的钱。

下面，我们就分别从参团旅游和自助旅游两大方面详细地说一下如何让我们花费最少的钱玩出最好的感觉。

一、参团旅游

参团旅游者不妨参考以下三个诀窍，能助你省下不少"银子"。

1. 窍门一：线路上趋冷避热

可以选择去一些较冷门的线路，这些线路的相关景区往往会向旅行社推出一些优惠政策，因而其门票及附属宾馆的住宿和餐饮等价格也都会相对便宜些。由于游人数量少，因此，景区的旅游服务质量也比较有保证，同时还避免了在热门目的地"只见人难见景"的郁闷。像近年各旅行社推出的红色旅游系列线路价格就会比常规线路价格低些。

2. 窍门二：选择团购

参团居住酒店一般要比自己订便宜很多，景点团体票也有打折优惠。如果联合一些朋友集体参团，还可以向旅行社压价。

3. 窍门三：半自助最实惠

可以联合几个朋友家庭，或者一个单位的同事组成一个十余人的小团队，通过旅行社订房、订票，再根据自身需求制订行程，这样价格虽然比完全参团略高，但远低于全自助出游。

二、自助旅游

现在的年轻人越来越喜欢自助旅游，但不要忘了参考以下诀窍，既能玩好又省钱。

1. 窍门一：集体自助 AA 制

可以约上几个平日要好的朋友或同事，或者是通过网站发帖来邀请志同道合的"驴友"们去同一目的地集体出游，不但可以一起包车，还可以团购景区的门票，一起在餐馆就餐。旅游结束后分摊费用，又热闹又经济。

2. 窍门二：在民俗村住宿

住宿可是外出旅游的费用中花销比较大的一项了，因此，选择合适的住宿地点将会大大降低出游的成本。目前，很多景点的周围都推出民俗村，因此，选择在民俗村中住宿就是个省钱的好办法。在民俗村的住宿费用一般每人每天在 10~30 元之间，即使是标准间也只有 50~100 元，而景区内的住宿费用至少比民俗村高出一倍。

特别提醒：一定要选择有旅游局发放"民俗户"标牌的农家入住，这样的农户经过当地旅游机关的审核，入住过程中出现问题也方便向当地旅游局投诉。

家庭出游女性如何作好省钱规划

家庭集体出游是一种十分温馨幸福的体验，女性朋友作为家庭中的"财务部长"就要提前做好出游的理财规划，尽量降低出游的费用，让家庭出游既实惠又玩得快乐。

女性朋友应该如何做好出游前的理财规划，选择怎样的方式才能达到这一效果呢？

1. 制订旅游计划

旅游计划要根据家庭成员的假期情况制订。首先要确定时间，之后再确定地方。选择出游目标要突出重点，再以重点目标为中心沿途选择其他次级目标。然后，预算出游所需费用，费用主要包括交通费、景点门票费、食宿费、购物费等等，预算要略宽松，以备急需。

制订出游计划，应统筹兼顾，每次出游都要将就近的主要景点涵盖，以便与以后出游的目标不再重叠，这样能够避免某一景点没有观光到还要单独一游或成为遗憾。比如把游黄山作为主要目标，可以顺路看看南京、杭州、上海、苏州等景点和城市。如果去北京，则故宫、天安门、长城、颐和园、十三陵等要在游览之列。一次出游前可制订几个方案从中选择，这样既可减少浪费，又能增强观光效果。

2. 选择交通工具

不同的交通工具各有优势和不足。飞机速度快，省时，但费用高，工薪族不能以其为主要交通工具；火车、轮船比较经济，但速度慢，浪费时间，增加疲劳，降低兴致，但费用少，一般家庭能够承担得起。如果条件好，可优先选择飞机，增强观光效率。如果是经济型旅游，可以铁路、水路交通为主。

选择了交通工具后，还要根据旅游目标科学选择路线，以减少重复和绕远，并合理搭配交通工具。如果主要目的地较远，可以选择飞机直达，之后再选择铁路、轮船、汽车等短途交通工具，归途时以铁路、水路交通为主，费用也不会太高。如果选择铁路到达主要目的地，行程在白天且旅途不远可购买特别快车或旅游快车的硬座票；如果行程在夜间或旅途较远，就要选择硬卧或软卧，以便在途中能够得到休息。在旅途中，选择夜间赶路、白天观光可以争取时间，节约费用。夜间赶路坐轮船或乘火车卧铺可省下住宿费，也不误白天观光。

另外，到哪儿都要买张当地最新版的旅游地图，其作用也不可小觑。

3. 带上信用卡

以家庭为单位旅游，一次花费少则几千元甚至上万元，带现金既麻烦又容易丢失，带上信用卡就方便了。目前，各旅游景点的金融服务和信用卡特约商户较为发达，持卡可以充分发挥作用。持卡旅游可以减少携带现金的麻烦；可以利用信用卡支付宾馆住宿、饭店就餐、商场购物等费用；必要时可以异地提取现金；可以透支消费。

4. 以步代车

旅游重在身临其境，身体力行地体味、感悟自然和人文景观中的境界和内涵。随着旅游区现代化建设和城市交通的发展，一些人的旅游已变成一种"坐游"。出门要打的、坐旅游车，登山要坐缆车，这种做法不仅多花钱，而且容易走马观花，失去旅游的真正意义。以步代车，既可以最直接地观光，而且还可以节省一大笔交通费用。

5. 到景区外食宿

一般来说，在旅游区内食宿要多些花费，因此，要尽量到景区外食宿。比如在到达确定的旅游景点前，可选择离景点几公里的小镇或郊区住下，然后选择当地有特色的小吃用餐。游览完后，也要再选择远离景区的地方住宿。在景区外食宿一般可以节省 40% 的费用。

在旅游中，早餐一定要吃饱吃好，午餐如果在景区内，最好有准备地自己带些面包、火腿、纯净水等方便食品，既省时又省钱。如登黄山，山上一碗面条就要几十元，而自己带方便食品几元钱就可以了。晚餐可丰富一些，以使身体能够得到足够的营养补给。

 ## 出境旅游女性要掌握理财技巧

随着人们生活水平的提高，出境旅游成为越来越多人的选择，同时出镜旅游也成为了一种新的时尚和潮流。但是，出门就得花钱，特别是出境旅游，如果你不懂得筹划和科学地理财，那么你将多支出很多本来可以避免的费用。

那么，出境旅游时女性朋友们需要掌握哪些理财技巧呢？

1. 选择科学合理的消费支付方式

很多人以为以外币现金支付最为便利，但此方式主要适用于经济欠发达的地区。如果要接连去几个不同的国家旅行，旅行者除在出国前兑换美元、英镑之外，到目的地后，还可再到兑换率较高的地方兑换当地货币。如果一次只去一个国家，最好能在出国前换些当地的货币。

有不少人习惯在出国前统统换成美元，然后持美元出境到目的地国，再兑换成当地货币消费。业内人士提醒大家，用美元到其他国家兑换当地的货币并不一定划算，因为，如果遇到汇率波动和当地换汇价差要比国内大的问题，这样很可能会亏钱。相关人士介绍说，出境游客最好先在国内银行将人民币兑换成目的地国或地区的货币，然后出境消费，这样最合算，千万不要到了旅游地再逐一兑换外币；另外，要学会使用多种支付工具，如旅行支票和信用卡等。

2. 明确信用卡的使用限制

对于现代人来说，信用卡已经成为了一个时髦的代名词。它方便快捷，在一些地区，使用信用卡可以让购物消费畅通无阻。但是，要注意的是因各国使用习惯不同，各地的信用卡使用限制也不尽相同，这些都要十分注意。因此，在出国旅游前一定要了解好旅游地的信用卡使用规定。另外，还需要注意信用卡的汇率问题，聪明的人要有预期的概念，根据预期美元、欧元等与使用币种之间的升贬而选择"用或不用"。

并不是全世界所有的地区都接受信用卡消费，而且信用卡常常会出现使用额度不足的问题，因此，人们可以适当考虑选择能够解决这些问题的旅行支票。旅行支票是由银行或专门的金融公机构提供的一种非现金支付工具，它既可直接用于消费，又可和现钞混用，还可兑换成当地货币，同时，必须要签名才可使用，这种支付工具比现金要安全得多。在通常情况下，就同一货币而言，人们向银行买卖银行支票，适用的汇价较现钞优惠。选择购买旅行支票，到了境外再兑换所需的现钞非常划算。

信用卡要谨慎使用

随着人们生活水平的提高以及消费意识的开放，信用卡刷卡消费越来越被大众所接受和欢迎。从某种意义上说，信用卡就是一种超前消费，"花明天的钱享受今天"。可是，信用卡的使用一定要谨慎，否则就会使自己遭受巨大的损失。

比如使用信用卡取现就很不划算，这种取现的方式其实就好比向银行贷款，不但要支付手续费，还要支付很高的利息，而且如果出现逾期还款，银行还要加收滞纳金。取现的时候，银行要一次性收取提款额0.5%到3%的手续费。而且，取现不享受免息期待遇，即自取现当日起，这笔钱就要按照每天万分之五来支付利息，且按月复利计息，相当于年息是18.25%。

可见，我们在使用信用卡的时候一定要对信用卡有一个全面准确的了解和认识，否则盲目使用信用卡，将会给我们带来严重的损失。特别是对女性朋友而言，使用信用卡消费已然成为一种时尚，备受女性的青睐，但是如果女性朋友使用信用卡不当，很有可能使自己成为"卡奴"。

那么，如何使用信用卡更划算？如何使用更方便？怎样使用更安全呢？下面介绍使用信用卡的一些技巧，女性朋友在使用信用卡的时候一定要谨慎仔细，消费得明明白白，避免使自己遭受不必要的损失。

1. 免收年费有前提

免费的午餐是越来越少了，如今，信用卡的年费也越来越高，各银行的信用卡年费收费情况大不一样，少则上百元，多则上千元。但只要你会巧用这张信用卡，也有办法可以免交一年年费。一般免年费的前提条件是一年刷卡达到多少次，或一年刷卡金额达到多少元。

当然，每个银行的优惠各不相同，当你考虑要申请一张信用卡的时候，不妨打听清楚这些免年费的前提条件。

招商银行白金贵宾卡3 000多元的年费让许多人望而却步，但对于经常乘坐飞机出国旅游、公干的人士来说，拥有这张卡便拥有了许多便利条件，机票上的优惠使得这些人不在乎卡内年费的支出。但对于普通民众来说，申请这样一张信用卡，还是应该考虑信用卡的年费成本。

2. 分期付款不付利息

免息分期付款是指信用卡持卡人，在用信用卡一次性进行大额消费的时候，对于该笔消费金额可以平均分解成若干期数（月份）来进行偿还，而且不用支付任何额外的利息。

许多银行推出了这一服务，银行与家具店、琴行、家电等商场签订协议，陆续推出了这一消费模式，有需要的市民在购买消费品的时候可以咨询商家，也可以拨打银行咨询热线，或者登录各银行的网站了解相关信息。

需要提醒的是，信用卡持卡人在消费前，别忘了先查清楚自己卡中的可用余额和分期付款额度。另外，虽然银行打出了免息的旗号，可以缓解持卡人的还款能力，但是免息并不等于"免费的午餐"，各家银行的信用卡分期付款都要收取数目不等的手续费，期限越长，手续费越高。

分期付款的手续费收取方式有两种：按月计收，建行和中信银行采取这种收费方式。另外一种是一次性收取，比如招行和中行。一般分期付款的期限为 3 个月、6 个月、9 个月、18 个月和 24 个月。选择分期付款的期数不同，收取的手续费率也不一样。以分期 12 期为例，用农行信用卡一次性消费 10 000 元，分 12 期付款，手续费率为每月 0.6%，则每月需缴纳银行 60 元手续费。

3. 在免息期内还款

申请的信用卡有什么用呢？理财师认为，信用卡应该多发挥其透支、循环消费等功能，以便于周转现金。但一定要记得按时还款，否则，罚金会罚到你心痛。

一般来说，信用卡都有一个免息期，每个银行会不一样，一般最长是50天左右。聪明的做法就是在免息期内还款，千万不要拖欠。

如果工作繁忙，担心不记得还款，可在申请信用卡的同时在同一银行申请一张储蓄卡，并且与银行签订一个还款协议，在免息期的最后一天，由银行自动从储蓄卡中扣款。如此，你需要做的就只是像平常储蓄一样，保障这张储蓄卡里的存款够还信用卡里的欠账。

4. 信用卡取现不划算

王小姐的工资卡上经常有一两万元的现金，由于经常乘坐公交车，他担心工资卡遭小偷光顾，于是，向银行申请办了一张信用卡。王小姐想得很简单，以后要用现金，就直接使用信用卡到银联机上去取现，再利用免息期将款还上，这样卡里不用存钱，很安全，也没有额外花费。但王小姐没有想到一个月过去之后，银行给她寄过来的账单上居然产生了额外费用。王小姐咨询银行了解到，用信用卡在柜员机上取款是需要向银行交付手续费的。

现在各银行都在大力推销信用卡，客户只要通过银行审核，无须担保和保证金，就能享受循环透支和免息还款期。但是，现在大部分银行对于利用信用卡透支取现，不分本地异地，都一律要收手续费。如王小姐使用民生银行的信用卡在其家附近的银联机上取现，要支付1%的手续费，最低10元。也就是说，取5 000元现金，要支付50元的手续费；仅取200元（包括1 000元以下）现金，也要支付最低10元的手续费。

王小姐的工资卡为储蓄卡，在本地本行的ATM柜员机取现不收手续费；在其他银行的柜员机取现，一般要收2元的跨行手续费；在异地柜台取现要按百分比支付一定的手续费。

所以，尽量不要使用信用卡取现，取现的费用是非常不划算的。

培养良好的银行卡使用习惯

随着信息化和数字化的发展,人们越来越倾向使用一些小巧轻便具有科技含量的工具来实现自己的目的。同样,在消费的过程中也是如此,银行卡的使用给人们带来了诸多的便利。2012年2月初,工行、北京农商行等一些银行称将逐步取消存折,全面进入卡的时代。虽然此举引发人们的热议,但从某种角度来说,这确实是一种趋势和发展方向。银行卡相比较存折以及其他的支付方式,比如说现金,更加方便快捷。

但是,银行卡的使用也并不是你想的那样轻松随意。如果你不能正确地使用银行卡,不明确银行卡的使用规则和科学的使用方法,那么银行卡就会给你带来很多不必要的麻烦,甚至给你带来财产损失。所以,女性朋友们一定要对银行卡的使用有一个科学全面的认识,不仅要让银行卡装点好你的生活,更要让银行卡给你带来实惠。

这里,银行卡的业内人士为你提出了正确使用银行卡的好方法,同时也提出了如何利用银行卡进行财富管理,以达到保值增值的目的。具体说来,就是要改变三大"恶习",养成使用银行卡的良好习惯。

一、恶习一:银行卡摞着放

在日常生活中,许多人都有将几张银行卡重叠码放在一起,或者和手机、钥匙等放在一起的习惯。这些都属于不善待银行卡的恶习,可能会给你使用银行卡造成一定的隐患。在存放过程中应该注意保护好银行卡背面的磁条，因为磁条上面记录和储存着持卡人的相关资料信息。如果磁条信息减弱、改变或丢失，你在用卡消费时，POS 刷卡机、ATM 取款机等终端设备可能无法读出正确的银行卡信息，造成交易失败。

据了解，多张银行卡紧贴一起存放，或者将两张银行卡背对背放置在一起，都会使银行卡的磁条相互摩擦、碰撞，造成信息不完整而影响正常使用。另外，还应该让你的银行卡尽可能地远离电磁炉、微波炉、电视、冰箱等电器周围的高磁场所，也尽量不要和手机、电脑、掌上电脑、磁铁等带磁物品放在一起。

学会妥善保管你的银行卡，是一个时尚"持卡族"要走的第一步。

特别提醒：银行卡最好放在带硬皮的钱夹里，位置不能太贴近磁性包扣。千万不要随意扔在杂乱的包中，防止尖锐物品磨损、刮伤磁条或扭曲损坏。另外，为避免银行卡遗失遭他人利用，建议你将银行卡、个人密码和身份证分开存放；不可随意告知他人自己的信用卡卡号和到期日，以免被别有用心的人利用；不可将你的卡转借给他人，否则极易发生银行扣卡、止付以及资金损失等情况，甚至引起债务纠纷。

二、恶习二：同一家店多次刷卡

除了保管好自己的银行卡以外，刷卡过程中我们应该注意哪些问题呢？刷卡消费应该注意以下三个环节：

1. 如果你选择在同一家店进行刷卡消费，应该先选好所有要购买的商品，再一次性结账刷卡。最好不要在同一家店连续刷卡两次以上，否则有可能造成收单银行拒绝你的交易。

2. 在国外刷卡时，注意签购单消费金额的币别，币值小的日元 1 元和币值大的美元 1 元可是相差甚远的。另外，刷卡之后一定要根据对账单查询每笔消费的相关明细，也可登录网上银行查询银行卡历史交易明细，同时网上银行还能帮助你实现同行卡内划账，用以归还欠款。

3. 若发生错误交易或者你想取消交易，一定要把错误的签账单当场撕毁。如果商家使用的是电脑连线刷卡终端，你应该要求销售员开立一张抵消签账单以抵消原交易，然后再重新进行一次交易，或取得商家的退款证明。

特别提醒：签账单要妥善保留，除了以备日后查核外，也可避免被仿冒使用；签名时一定要确认签账单是否有两份重叠，不要被利用误签了两次消费账单；尽量不要让银行卡离开你的视线范围。

三、恶习三：信用卡透支还款不"到位"

许多信用卡的持卡人都可以享受到银行提供的一个月左右的信用卡透支免息期，但也有许多持卡人因为几毛钱或者几分钱没有还清，最终与这项优惠擦肩而过。因此，业内人士提醒持卡人，享受刷卡消费乐趣之后，别忘了按时还清银行的透支款项，否则就要按照日息万分之五的比率，向银行交纳应还款期间内所有交易额的透支利息。

曾有一位袁先生就因为少向银行支付了 0.26 元而被银行罚取了 800 多元利息，虽然最后追回了这笔钱，但时间精力也花费了不少。因此，业内人士提醒广大持卡人，一定要对自己的个人账务问题斤斤计较，严格按照账单上的还款数额还款，以避免不必要的财务损失。

目前国内银行对于信用卡罚息有 3 种规定：

1. 是以工商银行和浦东发展银行的信用卡为代表，采用分别计息的方式。信用卡持卡人在超过还款日后的逾期款项，银行收取万分之五的手续费，而已经还款的部分享受免息待遇。因此，这类信用卡不必担心小额欠款造成巨额罚息的问题。

2. 是多数银行的通行做法，就是只要持卡人没有在规定的期限内还清所有的透支费用，那么整月的费用都不再享受银行的免息待遇。

3. 是以建行为代表，根据持卡人的具体情况，人民币有 10 元之内的零头没有还清，银行将在参数设置中视同还清；美元账户 1 美元之内的费用未还清，建行也视为还清，不收取相应的违约金及万分之五的日息，这样就给了持卡人一定的浮动空间。

特别提醒：信用卡透支实际上是持卡人的一种小额信贷，因此，应该养成严格还款的习惯，这样不仅可以避免给自己造成经济损失，另一方面，随着个人征信系统的建立完善，也可以为自己积累信用资料，以备未来的不时之需。

境外购物要善于管理银行卡

除了培养自己良好的银行卡使用习惯，当女性朋友在境外购物时，还要学会科学地运用和管理好自己的银行卡，明确银行卡在境外消费的实用技巧和方法，以免给自己带来财产上的损失。

具体来说，女性境外购物需要掌握以下几个方面的银行卡使用技巧和法则。巧妙地运用和管理好手中的银行卡，它们会给你带来一种全新的生活体验。

一、妙用五大技巧

1. 技巧一：出境办卡提前申请

一般情况下，双币种的银行贷记卡（即信用卡）需要对个人信用进行审核，申请人需要向银行递交有效证件、收入证明以及资产证明等，银行也需要核实信息，因此，最快也需要 10 天左右。如果你没有那么多时间，又希望在境外享受刷卡的方便，不妨考虑到工行、中行、交行等银行申请一张国际借记卡（即储蓄卡），这种卡虽然不能透支，但只要持身份证并往卡中存入现金就可以申请办理，手续相对简单，年费也相应比较低。

2. 技巧二：信用额度可临时调整

如果你使用的是与家人共享的主附卡，在消费过程中发现原来的透支额度不够用了，可以及时致电银行信用卡中心的服务电话，要求临时调整信用额度。如果你基本没有过往交易不良的信用记录，银行一般都会帮你提高临时信用额度。另外，在节假日，招商银行还会自动地将你的信用额度提高20%左右，以方便你出行。

3. 技巧三：银行卡并非越多越好

不管有用没用将各家银行琳琅满目的银行卡都"统统拿下"，这样势必会增加你货币成本的支出。目前，四大国有银行已经开始对所有卡按照不同的标准收取年费，因此，持卡越多，支付成本也就越高。另外，有的持卡人一年之内要换两三张的银行卡，而有的人两三年才需更换一张卡，这其中的差异就可能将近百元。

4. 技巧四：尽量使用"本币种"刷卡

招行和中行将国际卡的非美元交易的外汇兑换手续费进行了调高，这就增加了持卡人的消费成本。但如果你出行时是以美元作为账单的结算币种，就可以不向银行支付任何费用，只需回国以后购汇还款就可以了。另外，如果你所前往的国家是欧元区国家，可以考虑申请一张欧元卡，目前中行即可办理，这样就省去了一份额外的支出。

5. 技巧五：管理好自己的积分

在商场、酒店坚持刷卡消费，一是能获取积分，达到一定的积分时，银行会将积分折算成物质奖品或是现金返回给持卡人；二是能获得抽取大奖的机会，这项或有收益可千万别放过，或许大奖的幸运儿就是你，而且此类大奖品是汽车等高价值的东西。

二、提醒三大注意

1. 注意一：信用卡无须先存钱

如果你手中所持有的是一张具有循环透支消费功能的贷记卡，应该尽量发挥它的"先消费、后还款"功能，尽量不要在信用卡中存入太多的"闲钱"。因为你透支消费不仅可以不考虑现有存款，可以用现有存款提前购买想要的东西，而且可以享受银行提供的 20~50 天的免息待遇。而一般情况下，信用卡作为支付工具，提前往信用卡账户中存款是不能取得银行利息的。

2. 注意二：有了密码并不绝对安全

在国外，多数银行对信用卡都不设密码，因此，在盗卡手段越来越高明的今天，你手中的密码不但不一定能保证资金的安全，还有可能因为密码泄露造成个人信息的全面泄露，给盗卡人以可乘之机。因此，如果你对手中的信用卡有任何疑问，一定要及时与银行的信用卡中心联络，不要认为有了密码就可以万事大吉。

3. 注意三：疑问交易 60 天内提出质疑

当你在接到发卡银行的月结单后，要认真核对月结单中的交易记录，若有疑问或要求拒付，应在收到月结单日起 60 天之内咨询银行。若过期，按国际信用卡组织规定，发卡银行对收单单位无调查和追索权。

购买数码产品，要掌握技巧

数码产品，以其时尚新潮的外观，强大实用的功能越来越成为女性朋友的新宠。然而，在购买数码商品时，女性朋友往往会因为缺乏了解和比较，使自己多花费很多钱。虽然说产品的质量没有多大的问题，但是产品的实际价值以及真实价格往往相差甚大。

一般来说，数码产品的利润空间都比较大，如果女性朋友在购买的时候不掌握数码产品的实际情况，盲目购买，那么肯定会遭受损失。在购买数码产品时，女性朋友应该掌握哪些省钱技巧呢？

数码产品的利润空间大，所以"货比三家"探出底价，对于购买数码产品来说尤为重要。俗话说知己知彼才能百战不殆，在购买东西之前，知道这个产品的实际价格很重要。

在北京中关村海龙电子市场，在有促销项目柜台的醒目位置都打出了促销产品的促销价格，例如罗技的一款鼠标就明确标明了 199 元的促销价格，据说这款产品原价是 299 元；而朝华的一款 MP4 也明确打出了 399 元的价格，据说这款 MP4 的原价是 499 元。但你细心就能发现这样一个问题，所有商家所报出来的促销价格都没有标明原价是多少，所以这时候你去买产品时就要小心了，一定要多到几个柜台打听，方能大概估计这款产品的底价。有了这个询价过程，才能往下谈价，否则就会一不小心买贵了。

1. 做好充分的准备

比较来说，名牌数码相机、数码摄像机促销政策很明显，各款参加促销的产品都在醒目位置有着明显的促销说明。当然，这些名牌厂商的定价都很统一，到网上或者报纸广告上一查也能找到厂家定价。这就需要做好购买的前期信息收集工作。

2. 促销期间赠送礼品已经是司空见惯的促销形式

将促销礼品折合成现金砍价，是购买数码产品省钱的一大特色。例如，小胡在北京中关村鼎好电子市场观看明基笔记本电脑和几款数码相机之时，由于和一位销售人员有了比较好的沟通，在关于是接受促销礼品还是再将价格向下谈的问题上，可能由于卖货心切，这位销售人员明确表示："羊毛出在羊身上，送给客户促销礼品的代价，就是让客户不再有往下砍价的机会，其实这和砍价是一个道理，一不注意，很有可能得到的促销礼品的价格比平时没有促销时购买的价格还高，所以，还不如直接砍价。"由此，需要提醒各位即将购买数码产品的人，关于是接受促销礼品还是继续杀价的问题，一定要权衡得失。往往商家报出的促销礼品价格是这些礼品实际价格的 1.5 倍或者更多。那我们就可以先和商家谈好得到促销礼品时的这个数码产品的价格，然后再突然发难，告诉他们将促销礼品的价格折价到你所购买的产品里去，这样你所购买的这款产品的购买价会降下许多。

3. 团购是对付商家的杀手锏

对我们来说，团购这个词已经不新鲜，但对于买数码产品的消费者来说，团购却有很多人都没有试过。例如，在北京中关村科贸电子城和海龙电子市场分别找几个商家谈关于一次性购买 5 台或者 10 台产品的问题，无一例外地都得到了商家的特别优惠。所以建议大家在购买数码产品的时候不妨和商家谈谈关于团购的业务，如果真能约上几个朋友团购最好，如果不行，也可以试试先和商家谈好团购价格，先买一款产品试用，再向商家多介绍几个业务，发起二次团购。相信在这样的谈价、拉业务的影响下，买个低价不低质的产品还是可行的。

4. 网上购买数码产品，往往事半功倍

网上购物免去了奔波劳累之苦，而又可以淘出自己喜欢且价钱便宜的产品，目前比较流行的购物网站有天猫商城、京东网等。有一些专门代理某些品牌产品的网站，这样的网站上的产品价钱相对也比较低，但一定要注意货到付款才比较稳妥。另一个省钱买好货的去处就是做网上拍卖的网站，如易趣网、淘宝网等，这些网站上长年驻扎着很多倒卖数码产品的人，他们能从一些我们普通消费者所涉及不到的渠道拿到一些价格更低的数码产品。

贷款购房，巧妙还贷能省钱

现在，许多购房人采用贷款买房的形式置业，而且绝大多数人选择或只知道"等额本息还款法"，即每月还款数固定不变。但也已经有不少按揭买房的人都留意到这样一个问题：银行如果采用不同的还款方式来计算按揭月供款，购房者所付出的费用是不一样的，而且如果按揭的金额越大，按揭的时间越长，付出的费用就更不一样。

银行现在采取的季等额本息还款法（贷款期内每一季度以相等的额度平均偿还贷款本息）和季等额本金还款法（每一季度等额偿还贷款本金，贷款利息随本金递减），两种还款方式所支付的总费用之间有一定差距。

"等额本息还款法"每月偿还金额相等，在偿还初期利息支出最大，本金最少，以后利息支付逐步减少，本金逐步增加。而"等额本金还款法"在本金保持不变、利息逐步递减的前提下，提前还贷，不仅归还的本金多，利息也少。

"等额本金还款法"的基本算法原理是在还款期内按期等额归还贷款本金，并同时还清当期未归还的本金所产生的利息。方式可以是按月还款和按季还款。由于银行结息惯例的要求，一般采用按季还款的方式。

可见，等额本金还款法是随着本金的不断归还，后期未归还的本金的利息也就越来越少，每个月份的还款额也就逐渐减少。其实，早在1993年中国银行北京分行就已推出"等额本金还款法"，即本金按还款次数均分、每3个月结算一次。

通过比较这两种还贷方式，我们可以看出：

1. 支付的利息总额不一样。在相同贷款金额、利率和贷款年限的条件下，"等额本金还款法"的利息总额要少于"等额本息还款法"。

2. 提前还款的次数不一样。"等额本金还款法"允许提前还款，并且没有限定提前还款的次数，也不用交纳提前还款的违约金，也就是说，只要购房人有钱，可以随时提前还贷。而"等额本息还款法"的借款合同条款中对此却无明确规定。

3. 还款前期的压力不一样。因为"等额本息还款法"每月的还款金额数是一样的，所以在收支和物价基本不变的情况下，每次的还款压力是一样的；"等额本金还款法"每次还款的本金一样，但利息是由多到少、依次递减，同等情况下，前期的压力要比后期大得多。这种方式较适合于已经有一定的积蓄，但预期收入可能逐渐减少的借款人。

4. 还款前两年的利息、本金比例不一样。"等额本息还款法"前几年还款总额中利息占的比例较大，"等额本金还款法"的本金平摊到每一次。

所以，不同的还款方式对于还款的实际效果是有区别的，女性朋友在还房贷的时候一定要留意这些细微的差别，从而使自己省出一部分资金。

1. 还贷差额在于利息

李先生贷款总额 20 万元、期限 20 年，假如按照 5.51% 的利率，采用等额本息法还贷，总计本息 330 457.18 元；而采用等额本金法还贷，本息共 312 280.72 元，两者相差 18 176.46 元，将近 2 万元。

据有关人士指出，相差部分其实就是不同方法所产生的息差。如果前期还的本金多，应还本息会不断缩减，整体利息支出会少一些。

如果采用等额本金法，李先生第一个月的应还本息金为 1 751.66 元（其中本金 833.33 元，利息 918.33 元）；而采用等额本息法，每月只需归还 1 376.90 元。但从贷款后的第 95 个月开始，等额本金法的应还本息减少到 1 354.74 元，开始低于等额本息法的还款。因此，如果贷款人手头较为宽裕，又不嫌每月不同的还款额麻烦，等额本金法较为适合。

但是，如果采用等额本金还款法，前期支付的利息多，提前还贷不划算。以李先生前两年为例，应付本息为 33 045.72 元，其中本金总和为 11 606.91 元，利息为 21 438.81 元，大部分资金偿还的只是利息，而本金仅占 35.12%。

由于等额本息法比较容易理解，银行方面一般会推荐这种还款方式。但老百姓在办理房贷时，不妨多咨询银行有否有其他还款方式可供选择。

2. 贷款期限越长，利息支付越多

贷款期限越长，利息支出越多。同样是 20 万元的贷款，采用等额本息还款方式，30 年期的还款总额为 40.92 万元，利息支付 20.92 万元，但 25 年的只需要支出利息 16.88 万元，20 年的为 13.04 万元，15 年的则为 9.43 万元，不及 30 年期的一半，10 年期的贷款利息支出仅有 6.06 万元。

但是，并不是说贷款期限越短越好，期限越短月供压力越大。10 年期的月供为 2 171.52 元，15 年、20 年、25 年和 30 年的则分别为 1 635.23 元、1 376.90 元、1 229.37 元和 1 136.83 元。期限越长，利息支付越多，因此，月供下降幅度并不大，因此一般的购房者可考虑选择 15 年到 20 年期的贷款。

作为普通的购房者，必须考虑影响月供的因素，月供最好控制在收入的 40% 左右。据分析，如果刚结婚或准备结婚的两个人月收入总和在 5 000 元左右，月供支出最好控制在 2 000 元以内；而对于有小孩的家庭来说，支出方面除较高的生活费外，还需要准备小孩的学费支付，所以月供压力降低一些较好。

待有积蓄之后，还可以考虑缩短还款期限甚至是提前还款。采用等额本金法的还款（20 万元贷 20 年），在第 15 年提前还 5 万元，可节省利息支出 7 105.66 元。

3. 可选择一次性付款

对于购房者来说，如果选择一次性付款方式，则开发商往往会给予一些优惠价或折扣价。

以购 1 年期的期房 100 平方米为例，假定期房价格为每平方米 3 000 元，总房价约为 30 万元。若一次性付款，开发商给予优惠每平方米 60 元，则可节省 6 000 元。如果采取分期付款，签合同时先期付 30%，以后再分几次全部付清，即使不计后几次付款的具体时间数额，按剩余的 70%购房款全部存入银行 1 年期储蓄得到的存款利息为：21 万元×2.25%×80%=3780 元。综合比较后，两者之间的利差高达 2 000 多元，若每平方米的优惠再高些则利差更为可观。

不难看出，一次性付款确实比较划算，其"获利"空间是较大的。

4. 首付多一成能省 4 万多元

业内人士介绍，对于 20 万元 20 年期的房贷，按照 5.51%的利率，当首付为 20%时的利息支出比首付为 30%时的利息支出多 4.13 万元。所以，购房者不妨考虑提高首付比例，降低付利息的成本。

如果首付提高，购房者也可减轻月供负担。如利率为 5.51%时，首付 30%比首付 20%的每月还款额减少 172.11 元。即首付提高既可以减少总购房成本的支出，又能相对降低利率的变动风险。

第五章

掌控储蓄和保险，奠定女人投资的基础

储蓄是最安全的理财方式

储蓄是一种基础性的理财方式，同时也是一种非常重要的理财方式。在经济高速发展、投资理财形势日趋多元化的今天，储蓄仍然发挥着重要的作用。相对于其他投资方式来说，储蓄比较稳健，虽然它的收益并不是很高但却是一种比较保险、比较安全的投资。

储蓄，是一种把节约下来暂时不用的钱或者财物积存起来，一般是指把钱存在银行里。它发端于封建社会而长盛不衰，特别是在近代资本主义社会和当代社会里，更是到了如日中天的地步。可见，储蓄这种投资理财行为是一种具有持久生命力的理财方式。因此，女性朋友们，当你在进行理财规划和投资安排的时候，一定不能忽视储蓄的力量。

一、储蓄的优点

储蓄这种投资方式，有许多其他投资理财方式没有的优点。

（一）没有投资金额限制

八元十元百元千元都可以存进银行。储蓄不像投资别的领域，需要一定的货币积累，比如你想投资运输业，那么你首先要有买一辆车的钱。

（二）灵活多样

1. 存期的灵活性。你可以根据自己的情况，选择 3 个月、半年、1 年、3 年等存期。另外，灵活性还表现在你可以提前支取，不受定期的限制。

2. 类别的多样性。你可以根据自己的情况任意选择定期、活期、定活两便、零存整取、通知存款、教育存款等类别。

（三）安全

假如你选择把钱"投资"在你的抽屉里，它不付给你利息而且可能失窃、失火。但放在银行里，你就少了这份担心，银行的保险和保密措施将使你的存款非常安全。

（四）保值

储蓄受国家法律保护，存款自愿，取款自由。国家常常通过变动利率来调整货币供应量，对经济发展施加积极的影响。只要有利率，你的存款额就只会多而不会少，何乐而不为。

二、储蓄的缺点

（一）利率太低，利润太小

尤其是在近年央行连续多次调低利率后，可以说利率降到了历史的最低点。就算目前的定期利率是 2.25%，扣除 20% 的所得税后，投资者的收益实在是微不足道。1 万元钱存一年，只能得 180 多元钱的利息，实在让人动不了心。好在大多数的储蓄投资者并不是冲着这个目的存款的。

（二）用密码、身份证等信物支取，有时会带给储户不便

对一些中老年、有健忘症的储户来说，要牢记 4 位数或 6 位数的密码并不是一件容易的事。而身份证遗失的情况并不罕见，相反，一些作奸犯科者

利用假身份证也出现了侵犯储户利益的隐患。

（三）存单丢失，存款被冒领

尽管存款被冒领这种情况很少出现，但仍暴露出银行管理方面还存在着缺陷。

三、适合储蓄的投资者

基于以上的分析，储蓄投资对下列投资者最适用。

1. 收入不固定的投资者。

2. 无力进行其他投资理财但有多余资金的人。

3. 受 8 小时工作时间限制且收入不高的上班族。

4. 有富余资金，但短期有潜在消费可能的投资者，比如将要购房、买家电、孩子上学等。

5. 从事商贸活动的人，有相当的周转资金应存进银行。

6. 有较高的固定收入，生活适意，吃过投资理财其他领域的亏，对其他投资理财没有兴趣或丧失信心的人，应该做储蓄投资理财。

7. 承受风险能力差的投资者应选择储蓄投资理财，这是因为储蓄的风险性最小。

 适时教育储蓄，能够减轻生活压力

教育储蓄是指个人按国家有关规定在指定银行开户、存入规定数额资金、用于教育目的的专项储蓄，是一种专门为学生支付非义务教务所需教育的专项储蓄。

国家为了救助失学儿童而启动了"希望工程"，央行为了振兴教育而推出了教育储蓄。我们把教育储蓄也称之为"希望储蓄"。

每月拿出一部分钱存进在银行专设的教育账户，作为孩子未来上学的费用，这的确是一个好办法。既让家长免去了后顾之忧，又不致造成孩子失学的社会问题，两全其美。同时，教育储蓄还有很多的优点，比如存期灵活、利率优惠、利息免税。其中，教育储蓄的最大好处莫过于免征利息税这一点。人们乐于接受教育储蓄很大程度上也是基于这种原因。免征利息所得税的确能够使投资者获得更多的收益，减轻以后家庭的生活负担。

正是因为教育储蓄有很大的优越性，所以国家也做出了一些限定：没有正在上学孩子的家庭，就不能采用这种投资理财方式。

老张夫妇都在单位上班，说起来收入也不低，但因为他们生活的城市消费高，加上儿子正上中学，日子过得并不十分宽松。老张夫妇都很忙，没有时间、也没有精力干一点儿创收的事。虽然夫妇俩多年省吃俭用，攒了两万元钱，但一想到儿子将来要上大学的昂贵费用，夫妇俩的眉头就没办法舒展开。

后来有人向他们介绍了教育储蓄，老张夫妇听说教育储蓄不征利息税，欣然接受。虽然利率较低，但对于儿子上学、父母又忙于工作的老张家庭来说，这是最好的投资理财方式了。从此以后，老张夫妇每月从工资里拿出400元存进银行，作为儿子将来上学所需。儿子上高二的时候，老张已有了近4万元的存款。老张夫妇这个时候对供给儿子读完大学、顺利地完成学业充满了信心，原先的顾虑一扫而空。

从老张家庭的理财方式中，我们看到：

1. 有孩子正在上学的家庭，应该有超前意识，提前准备教育费，考虑是否参加教育储蓄。

2. 取得教育储蓄资格的投资者，如果有富余资金且没有更好的投资理财渠道，教育储蓄应该是首选的投资理财方式。

3. 参加教育储蓄应该有一个长远目标，贵在坚持，不可半途而废。

4. 虽然教育储蓄有诸多的好处，但是在进行教育储蓄的时候一定要量力而行，不能一味地为了储蓄使自己的日常生活陷入困窘的境地。

储蓄理财 5W 原则

"5W"原本是一句新闻专业术语，代表新闻的 5 个要素。但是随着人们理财观念的进一步发展，"5W"原则被运用到储蓄理财领域，成为储蓄理财的投资法则。作为一个精明的女人，要想更好地驾驭储蓄理财，就要明确储蓄理财的"5W"原则，对银行储蓄存款有一个深入细致的了解。

为什么要存款（Why）？也就是存款的用途。一般情况下，居民存款的目的无非是攒钱应付日常生活、购房、购物、子女上学、生老病死等预期开支，存款之前应首先确定存款的用途，以便"对症下药"，准确地选择存款期限和种类。

存什么（What）？日常生活的费用，需随存随取，可选择活期储蓄。对长期不动的存款，根据用途合理确定存期是理财的关键，因为，存期如果选择过长，万一有急需，办理提前支取会造成利息损失；如果过短，则利率低，难以达到保值、增值目的。对于一时难以确定用款日期的存款，可以选择通知存款，该储种存入时不需约定存期，支取时提前一天或七天通知银行，称为一天或七天通知存款，其利率远高于活期利息。

什么时候存（When）？利率相对较高的时候是存款的好时机；利率低的时候，则应多选择凭证式国债或中、短期储蓄的投资理财方式。对于记性不好，或去银行不方便的客户，还可以选择银行的预约转存业务，这样就不用记着什么时候该去银行，存款会按照约定自动转存。

在何处存（Where）？如今银行多过米铺，选择到哪家银行储蓄非常重要。一是从安全可靠的角度去选择，具备信誉高、经营状况好等基本条件的银行，存款的安全才会有保障。二是从服务态度和硬件服务设施的角度去选择。三是从储蓄所功能的角度选择，如今，许多储蓄所在向"金融超市"的方向发展，除办理正常业务外，还可以办理缴纳话费、水费、煤气费及购买火车票、飞机票等业务，选择这样的储蓄所会为家庭生活带来便利。

什么人去存（Who）？夫妻双方对理财的认识和掌握的知识不同，会精打细算、擅长理财的一方，应作为和银行打交道的"内当家"。同时，如今许多银行都开设了个人理财服务项目，你也可以把钱交给银行，让银行为你理财。

储蓄存款要坚持量入为出

"量入为出"是一种量力而为的行为，也是我们在生活中要践行的一种生活法则。只有量力而为才能使我们的生活保持一种舒适的状态。同样，在储蓄理财的过程中，我们同样要坚持量入为出的投资原则，合理科学地安排自己的钱财。

储蓄理财在很大程度上起到的是一种控制消费的作用，因为相对于其他理财产品而言它收益比较低。在储蓄投资理财行为中，我们要坚持遵循量入为出的原则：存多少钱要根据自己的收入和综合客观实际情况而定，收入高就多存点，收入低就少存点，不要让存款成为自己的一种负累，以免超出自己的承受能力，妨碍自己的正常生活。

目前，我国储蓄的种类主要有以下七种：

（1）活期储蓄存款。1元起存，由储蓄机构发给存折，凭折存取，开户后可以随时存取。这种方式最为方便，只要手中有零钱，就可以及时存入银行。

（2）整存整取定期储蓄存款。一般50元起存，存款分三个月、半年、一年、二年、三年、五年和八年。本金一次存入，由储蓄机构发给存单，到期凭存单支取本息。这种储蓄最适合手中有一笔钱准备用来实现购物计划或是长远安排。要注意安排好存款的长短期限，避免因计划不当提前支取而造成的利息损失，因为提前支取，银行按活期存款利率付息。

（3）零存整取定期储蓄存款。一般5元起存，存期分一年、三年、五年，存款金额每月由储户自定固定存额，每月存入一次，中途如有漏存，应在次月补存，未补存者，到期支取时按实存金额和实际存期计算利息。这种方式对每月有一定固定收的人来说，无疑是一种最好的积累财富的方法。

（4）存本取息定期储蓄存款。一般5 000元起存。存款分一年、三年、五年，到期一次支取本金，利息凭存单分期支取，可以一个月或几个月取息一次。如到取息日未取息，以后可随时取息。如果储户需要提前支取本金，则要按定期存款提前支取的规定计算存期内利息，并扣回多支付的利息。

（5）整存零取定期储蓄存款。一般1 000元起存，本金一次存入，存期分一年、三年、五年。支取期分为一个月、三个月、半年一次，利息于期满结清时支取。

（6）定活两便储蓄存款。一般50元起存，由储蓄机构发给存单，存单分记名、不记名两种，记名式可挂失，不记名式不挂失。存期一般有四个档次：一是不满三个月，二是三个月以上不满半年，三是半年以上不满一年，四是一年以上。各个存款的利息均不同。

它兼有定期和活期储蓄之长，既有活期的方便、灵活，又有定期的利率。一般为定额存单式，存单的面额一般有20元、50元、100元和500元等几种，储户存储时，银行按其存款金额开给相应面额的存单。

（7）华侨（人民币）定期储蓄。华侨、港澳台同胞由国外或港澳地区汇入或携入的外币、外汇（包括黄金、白银）售给中国人民银行和在各专业银行兑换所得人民币存储本金存款。该存款为定期整存整取。存期分为一年、三年、五年。存款利息按规定的优惠利率计算。该种储蓄支取时只能支取人民币，不能支取外币，不能汇往港澳台地区或国外。存款到期后可以办理转期手续，支付的利息亦可加入本金一并存储。

对于储蓄者来说，具体存多长时间、存什么类别也都和自己的收入、支出有关系。所以，在选择哪种存款种类之前，对自己要有一个全面的审视和清醒的认识。

相反，如果女性朋友在进行储蓄的时候，不考虑自己的实际，不能量入为出地进行投资储蓄，就会给自己的生活带来诸多的麻烦。同时，过度地进行储蓄理财，那么必然会降低在其他方面的投资份额，所以也会对整体的收益情况造成影响。所以，过度的储蓄不仅会带来生活上的麻烦，还会给自己带来一定的风险。

所以，每一个投资储蓄的投资者都应该使自己的行为规范。而量入为出的投资理财方法，便是投资者行为规范的前提。

例如以下三个事例：

甲某在事业单位上班，拿着一份不低的薪水。每月发工资后，甲某扣除自己当月生活所需，余款全存进了自己的银行账户。几年下来，甲某便拥有了一笔不小的资产。

几年前，储蓄年利率很高的时候，做生意的乙某向亲朋好友告贷，借了好几万元说是做生意，结果他把这些钱全都存进了银行，获得了高利息。后来这事让人给揭发了，乙某的地位在亲朋好友中一落千丈，关系也疏远了。

丙某过日子精打细算，一个钱恨不能掰成两个钱花。按说，他这种过日子的态度是无可厚非的，甚至是可取的。可他有一个让左邻右舍无法接受的做法，那就是他把自己的钱存进银行，而向左邻右舍借钱花。丙某有固定的工资收入，可他从不花自己的工资。工资一发下来，他便一股脑儿地存进银行，接下来要花钱时，便低三下四地向左邻右舍借，并且许诺下月工资一发就还。可到了下月，旧戏重演。

在上述三个事例中，甲某的储蓄投资理财是规范的，因而合情合理。乙某贪图高利而借钱存款，不规范的投资理财行为带来了人际关系疏远的损失。丙某的储蓄行为更不可取，他忽略了存款的前提条件：在维持正常的生活之外，有富余资金才可存款。丙某为存款而存款，结果恶化了邻里关系，得不偿失。

量入为出的投资理财原则提示你在采取储蓄投资理财之前应该想到下列问题：

1. 我的收入属于哪个档次？

2. 我能放进银行的资金是多少？

3. 选择哪种存款类别对我最合适且收益最高？

4. 我能否接受银行的低利率？

 掌握获得银行存款高收益的窍门

银行存款是一种基本的理财方式，也是一种比较简便的理财手段。但是，银行存款也不是一件简单的事，想要获得高收益也是有大学问的。因此，只要能够掌握银行存款高收益的窍门，就能最大限度地发挥存款这一理财功能的价值，达到理财的目的。

2008 年到 2010 年的这段时间，银行利率呈现不断下调的趋势，有的人担心利率还会继续下调，就把大额存款集中到了 3 年期和 5 年期上；也有的人仅仅为了方便支取，就把数千乃至上万元钱存入了活期。这两种做法是否科学呢？让我们来看看具体的例子。假设某银行现在的活期存款利率为每月 0.6‰，1 年期为每月 1.65‰，3 年期为每月 2.1‰，5 年期为每月 2.325‰。假如以 50 000 元为本金储蓄，3 年期获得的存款利息约为 3 024 元，5 年期获得的利息约为 5 580 元；假如把这 50 000 元存为活期，1 年只有 288 元利息，即使存 3 年利息也只有 1 100 元左右。由此可见，同样 50 000 元，存的期限相同，假如方式不同，3 年活期和 3 年定期的利息将差 1 924 元左右，可见这种情况下存活期的利息损失是相当大的。

此外，你将存款一次性存为 3 年或 5 年定期，如果提前支取的话，就会影响利息的收益，得不到较高的利息。事实上，现在针对这一情况，银行规定对于提前支取的部分按活期利率算利息，没提前支取的仍然按原来的利率。所以，个人应按各自不同的情况选择存款期限和类型。

具体来说，女性朋友们在操作的过程中最好注意以下几个方面。

（一）定期存款循环存入

从定期存款的期限来看，宜选择短期。一方面，这种储蓄方式的存款期限长短对利率的影响已经不大，1 年期存款利率和 5 年期存款利率的差距有时只有每月 0.675‰。另一方面，假如说现在存款利率已达到历史最低，利率再次下调空间较小，如果今后出现利率上调，若现在选择长期存款，在利率调高时一时无法享受较高的利率，就要受到损失。而短期存款流动性强，到期后马上可以重新存入。

在具体的操作上，不妨采用一种巧妙的方法。可以每月将家中余钱存 1

年定期存款。一年下来，手中正好有 12 张存单。这样，来年不管哪个月急用钱都可取出当月到期的存款。如果不需用钱，可将到期的存款连同利息及手头的余钱接着转存一年定期。这种"滚雪球"的存钱方法保证不会失去理财的机会成本。

（二）自动转存两全其美

现在，银行都推出了自动转存服务。在储蓄时，应与银行约定进行自动转存。这样做，一方面是避免了存款到期后不及时转存，逾期部分按活期计息的损失；另一方面是存款到期后不久，如遇利率下调，未约定自动转存的，再存时就要按下调后利率计息，而自动转存的就能按下调前较高的利率计息。如到期后遇利率上调，也可取出后再存。

（三）尽量避免提前支取

如果急需用钱，而存单又尚未到期，并且是在以前高利率时存的，可不必提前支取，因为银行规定定期存款提前支取时利息按活期存款计算。这时，可以用存单作抵押到银行贷款，等存单到期后再归还贷款。当然，事先要计算一下，假如到时归还的贷款利息高于存款利息，那么这一方法就不可取了。这时，可以到银行办理部分提前支取，余留部分存款银行将再开具一张新存单，仍以原存入日为起息日，余留部分的定期存款的获息就不会受到影响。

保险理财的重点要因人而异

保险理财是一种有别于其他方式的理财手段，同时也是一种因人而异的突出重点的理财工具。根据每个人的年龄和理财能力的差异，保险理财的重点也会有很大的不同。因此，女性朋友在购买保险时，一定要注重全面考虑自己的情况，选择最佳的保险理财产品。

如果是年轻人，理财的重点应放在规划未来，在获得人身保障的同时，要为将来的事业积累资金。选择保险可考虑消费型的意外伤害保险，如果有足够的资金，还可以投资一些缴费时间长、具有返还性的险种，如3年、5年返还一次的分红险。

人到中年是个人投资理财的黄金时机，手中若有闲钱，宜多尝试适合自己个性和认知的投资理财产品。此阶段，除了为自己购买一份健康保险和养老保险以外，还应为子女购买教育基金保险。

50岁以后开始步入晚年，此时，子女已长大成入，自己的事业、收入进入最佳状态。如果条件允许的话，是"以钱挣钱"、扩大个人资产的时候。此阶段的投资理财方向应放在债券等风险小、收益稳定的理财产品上，另外，也要充实自己的退休养老保险。

保险理财还有不同于其他方式理财之处，比如在投资特征、投资标的、投资品种等方面，保险理财具有自己的显著特点。

（一）保险投资的特征

1. 投资者的动机不仅仅在于获取直接收益。如果仅仅从直接收益率的角度出发，保险投资的收益率可能比投资于其他理财产品的收益率要低。

2. 投资者并不希望获得这种投资收益。虽然事故发生了，如投资者的财产失窃了或者投资者的身体受到伤害，投资者可以从中获得补偿。但是，投资者并不希望事故真正发生，也就是说，投资者未必希望有机会获得这种投资收益。

3. 从理论上讲，投资者可以获得风险收益，但是，风险收益获得的可能性极小，具有不确定性。

4. 投资者的间接收益是其安全感，是一种效用的满足。

（二）人身保险的特点

人身保险是以人的寿命和身体为保险标的的保险，具体讲主要是承担对人身"生、老、病、死、残"的保障责任。按保障范围分为人寿保险、人身意外伤害保险和健康保险。按实施方式可分为自愿购买的商业保险和法定交纳的社会保险。

许多人曾把寿险和储蓄放在一起，比较孰优孰劣。我们不妨来做一番分析比较。我们先分析一下一个人的生命周期，一个人由出生、成长、结婚、育儿、养老、死亡构成他的生命周期。保障生命周期中的每个重大环节，并做好经济准备，既是家长的义务，也是对家庭的责任心与爱心的体现。

寿险和储蓄的共同特点都在于是以现在剩余的资金做将来的准备，在于用生命周期中收入大于支出的差额弥补生命周期中支出大于收入的差额。

寿险与储蓄的区别在于寿险的保障功能明显高于储蓄。储蓄是一种逐步积累资金的方法，它需要经过规定的时间才能达到目标额；而保险的特点是在开始投保时，就是以约定的保险金额为保障。

（三）购买保险的注意事项

1. 保险的种类较多，投资者应根据自身情况购买适合自己的保险产品。体弱多病者，投资理财于人寿保险比较合算；经常出差者，适宜于投资理财人身意外伤害保险；年龄大的人，适宜于投资理财健康保险。

2. 购买保险前要全面了解保险公司，做到心中有数。保险公司的实力、信誉、条款、售后服务等至关重要。购买保险前应了解保险公司的基本情况，如经济性质、注册资金、业务开展情况、交费情况、理赔情况等等。

3. 注意研究条款，不要轻信承诺。在购买保险前，你必须清楚自己想要获得什么样的保障，自己要买的是什么保险，保险责任是什么，除外责任是什么，怎么交费，如何理赔，有无特别的约定。这些都可以从保险条款中看明白。不要着急签字购买，要认真研读条款。要警惕个别营销员的误导，没有书面根据的承诺或解释是没有任何法律效力的。

 投资保险，也是一种理财

中国自古有一句极富哲理的话："天有不测风云，人有旦夕祸福。"世界上许多事情的发生往往是人们始料不及的。在我们的周围，时时刻刻都潜伏着很多的意外，有些是好事，有些是坏事。好事带给人们的是喜悦和欢乐，而坏事则让人感到惊恐和沮丧。

有时候，一些意外或是可怕的事情发生，会使我们遭受巨大损失。但是如果我们购买了相应的保险，那么我们的损失就能大大地降低。所以，保险作为一种事前的准备和事后的补救手段，也是一种理财的方式，而且是非常必需的。

所谓保险，是指由保险公司按规定向投保人收取一定的保险费，建立专门的保险基金，采用契约形式，对被保险人的意外损失和经济保障需要提供经济补偿的一种方法。根据保险合同，当被保险人由于某种风险直接发生在其身上而蒙受经济损失时，保险公司支付一笔款项给受益人以弥补所受的损失。因此，承担损失的责任就从投保人转移到保险公司。保险公司为了履行承受赔偿的责任，向投保人收取一定金额的保险费。

（一）一个国外的故事

在美国旧金山的一条繁华的街道上，有两家相邻的珠宝店，都经营黄金宝石生意。因为地处繁华要道，所以生意特别好。

甲店老板干练、稳重、谨慎，考虑问题周到，常能居安思危。为了预防不测，他按首饰店珠宝的现值买了保险，保险费每年 1 万美元。而乙店老板则是个自信又自负的人，他认为自己有严密的防盗装置加上完善的保安措施，不会发生被抢劫或偷盗事件，买保险是白花钱，所以没买保险。

谁也不会想到，在一个夜深人静的夜里，一伙技术手段先进、经验丰富的窃贼破窗而入，将甲店的金银珠宝洗劫一空，又钻通甲乙两店之间的墙壁，盗走乙店价值 100 多万美元的珠宝。

人们都认为甲店比乙店的损失惨重。

事实上，尽管甲店损失是乙店的好几倍，却因为甲店事先购买了保险，获得了保险公司的巨额赔偿，算下来分文未失。而乙店虽然损失比甲店要小得多，但因未参加保险，100 万美元就这样白白地打了水漂。

（二）一个国内的故事

一个春节前夕，湘南山区的一条曲折盘旋的国道上，许多运水果的外地大货车正从南往北缓慢地行驶着。

当时正下着小雨，天雾蒙蒙的，能见度很低。

暮色越来越沉，为了安全，运货车都亮了灯。一道道光柱划破夜色，射向远处。

河南司机小郑，是第一次走这段路，加上驾龄不长，又碰上这鬼天气，心里直发毛。在一个右转弯的时候，小郑没看清隐在树丛中的路标，猛向右打方向盘，由于车速过快，一下失去了重心，车向外侧翻，滚进了 5 米深的沟中。由于沟浅，汽车翻了个滚，仰在了沟底。小郑没什么生命危险，只是扭伤了腰，但一车的热带水果抛撒得满沟都是。

这一夜，与司机小郑同遭厄运的还有郑州司机老胡。老胡和小郑的损失都差不多。

小郑是替别人开车，车主没投保；而老胡是自己的车，投了保。尽管两人损失不相上下，但老胡因为有保险公司的理赔，最终损失很小。而司机小郑的车主，只得白白遭受重大损失。

从上面两个故事我们可以看出，投资保险也是一种理财，它能够极大地降低我们在发生意外的时候的损失。但是，购买保险也要注意一些问题。

1. 和任何其他投资理财一样，保险也存在着风险。对投保人来说，只有当灾害或事故发生，造成了经济损失后才能取得经济赔偿。如果在保险期内没有发生什么事，则保险投资没有收益，甚至会有损失。

2. 对投保人来说，最重要的是间接收益。也就是投保以后，投保人所获得的安全感，是一种效用的满足。

3. 交保险费是一种投资理财行为。投保人为了将来"出事"以后能够获得保额赔偿，必须先投入部分资金，交纳的保险费就是最初的投资本金。

4. 投保可以获取收益。投保人获得了索赔权利之后，一旦灾害事故发生或保障需要，可从保险公司获得经济补偿，这就是"投资理财收益"。

善于科学合理地选择保险的种类

保险是一个复杂的集合体，它包含很多的险种。因此，女性朋友在购买保险的时候，一定要充分结合自身以及家庭的情况，选择最适宜、最恰当的险种。

一、如何选择商业医疗保险

理财师认为，已参加社会基本医疗保险的人，可以选择定额给付型的商业医疗保险。

北京的张小姐在单位参加了社会基本医疗保险，自己又买了 8 000 元的商业医疗保险。一次住院她花费医药费 9 300 元，按照保险条款，她应得到保险公司 5 410 元的赔付。但是，由于她从社会基本医疗保险中报销了 6 400 元医疗费，最终保险公司就只能按照保险补偿原则，赔付她实际费用与报销费用的差额部分 2 900 元。花钱买了商业医保，最终却没最大限度地发挥作用，张小姐觉得有点亏。

如果张小姐投保的商业医疗保险是定额给付型的，那么，在理赔时就不会受到社会基本医保报销费用影响，保险公司会按照保险条款规定的赔付额进行赔付。因为定额给付型保险的保险金额是根据被保险人的住院天数及手术项目事先定好的，无论被保险人在社会基本医疗保险账户中报销了多少费用，都不会影响到商业保险公司的赔付金额，两者是各赔各的。

这样，商业医疗保险与社会基本医疗保险就较好地发挥了各自的作用，为客户提供更多保障。

理财师建议，消费者在投保商业医疗保险时，最好根据实际情况，对医疗保险产品进行多方比较后，挑选出适合自己的险种。

二、寿险让生命多一份呵护

由生到死，是谁也不可抗拒的自然规律，人的生死就如同草盛草衰、花开花谢一样，是自自然然的一件事情。

既然死亡无法避免，那么是否可以在年老时活得更有生活品质保障，活得更有尊严？现在，人寿保险的出现，算是了却了长寿者的一桩心愿。

（一）寿险的好处

人寿保险之所以为许多投资者所青睐，是因为它有以下诸多好处。

1. 它能转移风险。风险的实质是意外伤残、疾病、亡故等一种不可预知的损失，而保险公司的功能就是接受人们转移的风险。这些风险对于个人来讲是不可预知的，而对于保险公司来讲却是可以控制在一定概率范围之内的。

2. 它能起到有价证券的作用。长期人寿保险合同本身便是一种有价证券，它具有保单现金价值，可以用来抵押贷款。另外，一份具备投资理财功能的长寿险险种在到达给付期时，往往还能得到一份投资理财收益。

3. 它还有创造安宁，表达爱心的好处。购买保险后自然会因此多了一份安全感。另外，你也可以通过为你的亲人购买保险来表达你的爱心，因为一份寿险可以陪伴被保险人一生。

（二）要清楚受益人是谁

人寿保险的保险金受益人顺序按以下 3 点确定：

1. 指定受益人；

2. 后继指定的受益人；

3. 被保险人的法定继承人。

（三）选择保险要慎重

尽管各家公司的条款、各种费率都是经过中国保监会审核批准的，但是，一比较便发现有很大的差异。比如领取生存保险金，有的 3 年一领，有的 5 年一领；有的防 7 种大病，有的防 10 种；有的保到 70 岁，有的负责终身；有的到期还本，有的分文不退。因此，一定要理解清楚条款再投保，切忌盲目投保和轻信他人之言。

（四）切忌急功近利的思想

有些人急功近利地认为花钱投了保就应该马上得到回报，如果保险期内没出事故得不到赔款，就觉得是吃了亏。事实上，保险也是一种商品，根据等价交换的原则，你交了保险费，就得到了风险保障。这种保障是获得赔偿的可能性（如果没投保，则完全没有获得赔偿的可能性），而不完全是赔偿本身。

（五）不要随便退保

寿险投保以后，会有许多费用产生，例如危险保费、核保费用、出单费、佣金等都集中在头几年里从保费中扣除，所以头几年保单的现金价值往往很低。若这阶段退保，就只能按很低的保单现金价值退还保费给投保人，而不是退还所交的全部保费。

三、人身意外保险以防万一

谁也无法保证自己一生平平安安，顺顺利利。灾难或风险每时每刻都潜伏在我们每个人的身边，每时每刻我们都有发生意外的可能。所以，人身意外保险，对我们每个人来说都是必不可少的。

人身意外保险，又称为意外伤害保险，是指投保人向保险公司交纳一定金额的保费，当被保险人在保险期限内遭受意外伤害，并以此为直接原因造成损失时，保险公司按照保险合同的约定向受益人支付一定数量保险金的一种保险。

人身意外保险一般是消费型的保险，往往以交很低的保费提供几个月或一年期的高额保障。如果保险期满没有发生意外伤害，则保险合同终止且不退保费，即像消费某件实物产品一样，消费完即完。但因其保费很低，而保障较高，所以可以作为年轻人或低收入者优先考虑的险种。

 保险理财要注重技巧

生老病死谁也无法逃避，普通疾病会短暂地影响家庭的生活质量，重大疾病甚至会让人倾家荡产，最近几年环境恶化、食品污染，导致重大疾病发病率也逐年呈上升趋势。基于这些考虑，理财的基础不仅是要储蓄一定的资金，更要为不确定的将来作比较确定的打算，其中保险理财就是一种十分明智的选择。

　　随着宏观经济的发展、个人财富的积累，保险理财在家庭中的重要性正日益显现，保险理财既能够得到一份保障，又能够积累财富。但是，一定要注意避免在购买保险的时候使自己遭受损失。

　　1. 货比三家

　　尽管各家保险公司的条款和费率都是经过中国保监会批准或备案的，但比较一下却也有所不同。如领取生存养老金，有的是月月领取，有的是定额领取；大病医疗保险，有的是包括几十种大病，有的只有几种。这些一定要看清楚，问明白，针对个人情况自己拿主意。同时，要多比较各不同公司同类保险产品中的条款，重点要看保险责任、除外责任等关键性条款。

　　2. 要仔细研究条款

　　要亲自研究条款，不要光听介绍。保险不是无所不保。对于投保人来说，应该先研究条款中的保险责任和责任免除这两部分，以明确这些保单能提供什么样的保障，再和自己的保险需求相对照。要严防个别营销员的误导，没根据的承诺或解释是没有任何法律效力的。切忌不看条款，光听介绍，盲目轻信，买后才发现险种不适合自己，结果是不退难受，退了经济受损也难受。

　　同时要明确自己或家庭的需要是什么。比如，担心患病时医疗费负担太重而难以承受的人，可以考虑购买医疗保险；为年老退休后生活担忧的人，可以选择养老金保险；希望为儿女准备教育金、婚嫁金的父母，可投保少儿保险或教育金保险等。

　　此外，在单身期、家庭形成期、家庭成长期、子女大学教育期以及家庭成熟期和退休期等人生不同阶段对保险的选择也是大不相同的。

3. 选择合适的险种搭配

在选择健康保险的时候，重大疾病保险应该是每个家庭的首选。重大疾病保险的给付一般都是一次性的。比如用户投保了保额 10 万元的重大疾病保险，一旦被保险人发生了合同中的重大疾病，保险公司就会给受益人 10 万元保险金。在选择健康险时，比较理想的险种搭配是：有社会医疗保障就选择重大疾病保险+住院补贴保险；没有社会医疗保障就选择重大疾病保险+住院费用保险。

4. 尽量选择年交而不是趸交

年交是按照 15 年期、20 年期等每年交纳一定保险费；趸交是指一次性交清保费。理财师建议，投保重大疾病保险等健康险时，尽量选择交费期长的交费方式。一是因为交费期长，虽然所付总额可能略多些，但每次交费较少，不会给家庭带来太大的负担，加之利息等因素，实际成本不一定高于一次缴清的付费方式。二是因为不少保险公司规定，若重大疾病保险金的给付发生在交费期内，从给付之日起，免交以后各期保险费。

5. 灵活使用保单借款功能

有些保户因临时用钱，而不得不退掉保险，从而损失掉相当高的手续费。其实，目前很多保险产品都附加有保单借款功能，即以保单质押，根据保单当时的现金价值 70%~80%的比例向保险公司进行贷款。这样既能解决燃眉之急，又避免退保所带来的损失。

第六章
投资金银珠宝，把准财富跳动的脉搏

黄金理财"飞"入寻常百姓家

一部《满城尽带黄金甲》淋漓尽致再现了帝王家对黄金的痴迷和崇拜，如今，这种贵族阶层对黄金的独享权随着历史车轮一并烟消云散，取而代之的是黄金不仅作为婚嫁喜庆的必备饰品，更多的是以理财产品的角色，"飞"入寻常百姓家。

随着中国不断扩大的中产阶层对黄金的需求越来越大，中国已跃居世界黄金消费国首位。2011年，世界黄金协会发布的季度报告显示，这一年前3个月，中国实物黄金投资需求同比增长超过一倍，达90.9吨，超过印度85.6吨的需求水平，中国已经成为全球最大的实物黄金买家。同时，中国也是全球最大的黄金生产国。自2007年中国黄金产量达到270.5吨，首次超过南非，成为全球第一产金大国，此后连续蝉联全球第一，截至2011年，中国已连续4年成为全球最大产金国。

尽管已成为全球最大的产金国，但面对日益旺盛的黄金需求，中国黄金供给仍显得力不从心。大众之所以有如此高涨的购买热情，究其原因这与黄金本身所具备的安全、保值、增值的功能，以及产量低、需求量大等特点密不可分。

目前市场上黄金投资渠道有：实物黄金、纸黄金等，但这些理财产品各有利弊。现货黄金分为金条、纪念金币和黄金饰品等几大类，满足投资者保值、收藏和装饰等需求。但都涉及保管以及变现不便等问题且投资门槛比较高。而纸黄金虽交易便捷，但投资和炒作的功能更强，抵御通胀压力的功能较弱。

古时，金银珠宝始终是有钱人的玩物，是贵族的游戏。没有听说哪个普通老百姓能穿金戴银，能穿金戴银者都是公子王孙、贵妇人、阔太太。

现在，对于所有过上小康日子或准小康日子的中国人来说，黄金珠宝并非可望而不可即的贵重商品，黄金正在走进普通家庭。

对广大的投资者来说，要想投资理财黄金，首先对有关黄金的知识要有一个全面的了解，不能盲目地进行投资。

一、黄金价值的体现

黄金之所以价值大，成为人间珍宝，主要由以下三方面决定。

1. 稀有。物以稀为贵，稀有的东西便贵重。试想，如果黄金多得像遍地的石头，它还会珍贵吗？

2. 使用价值高。黄金性能稳定，耐酸碱腐蚀，有非常好的延展性。1克黄金可以拉成1千米长的金丝而不断，真正比头发丝还细。黄金的这些特点决定了它在一些尖端工业中具有不可或缺的重要作用。

3. 装饰性强。黄金天生丽质，光彩夺目，历尽千年而仍金光闪闪，不变色，不褪色，因而成为极佳的装饰品。

二、黄金的纯度和计量

黄金分为生金和熟金两种。生金又称天然金，是由河底或矿山开采出来的未经熔化提炼的金子，生金又分矿金与沙金两种。熟金是熔化提炼后的金子，分为纯金、赤金和色金。色金是成分不足的黄金，有清金、混金之分，清金中只含有白银，而混金中还含有铜、铅、银等其他金属。

黄金的纯度，国际公认的是用"K"表示；计量时，国内用"克"，国际公认的是"金衡盎司"。

（一）纯度"K"

黄金的纯度，流行的说法叫"成色"，有用千分比表示的，也有用百分比表示的，公认的是用"K"表示。

什么是"K"呢？把纯金分为24份，即24K，其中1份叫做1K。根据成色的高低，黄金一般分为24K、22K、18K、14K、12K。24K黄金的纯度为99.99%。100%的纯金是没有的。

（二）计量"金衡盎司"

国际上通行的计量黄金的单位是"金衡盎司"，行业内可简称为"盎司"。金衡盎司与克的对等关系为：1金衡盎司=31.1034768克。

三、投资金银珠宝的注意事项

1. 投资金银珠宝是长线投资理财，投资者要有必要的心理准备。投资金银珠宝不会像投资股票、做生意那样在短期内获得利润。投资金银珠宝少则十几年，多则几十年，甚至是前辈投资，后辈受益，所以投资者要有充分的心理准备。

2. 没有宽裕的资金，不要投资金银珠宝行业。鉴于金银珠宝投资的特殊性，建议没有宽裕资金的投资者，不要轻易尝试投资这个行业。

3. 眼光要远大。投资金银珠宝的投资者不光要具备相关知识，更要懂得对国际国内经济走向的预测和把握。只有这样，才能趋利避弊，随机应变，立于不败之地。

黄金投资理财要明确具体的方向

一直以来，黄金都因其不跟随股市和美元波动的特性，被人们看作是一种风险较小的投资渠道。一般来说，无论黄金价格如何变化，由于其内在的价值比较高而具有一定的保值和较强的变现能力，从长期看，具有抵御通货膨胀的作用。同时，黄金价值稳定、流动性高，黄金投资理财已经成为了人们投资理财的一种趋势和走向。

由于黄金投资理财是一种长线型投资理财，所以，它非常适合作为防守型的辅助性投资理财。女性朋友，在进行黄金投资理财之前，一定要明确具体的方向，了解具体的类别，那么黄金投资就能获得很大的收益。黄金投资的种类包括实金投资、金币投资和金饰品投资等。

一、实金投资理财

实金即金条、金块，是黄金本身。实金投资是黄金投资中最安全的方法。一般的黄金投资大户都采用这种投资。

所有实金表面上都铸印有许多资料，包括金条熔炼者的名称或标记、金条成色、金条重量、金条编号等。

实金价牌买卖亦有买入价与卖出价之分。投资者未来利润的多寡不仅与金价波动紧密相关，还与买卖差价密不可分。

二、金币投资理财

金币投资理财最受中、小黄金投资者的欢迎。

不论是何种金币，只要发行量不是特别大，加上金币本身的纪念价值、艺术欣赏价值，就潜在着很大的升值可能，且年代越久越值钱，这是普通金币所有的特性。

市面上目前流通的金币，均为国际公认金币，各银行都有挂牌交易，买卖方便。

金币分为纯金币和纪念金币两种。

（一）纯金币

纯金币是为满足想拥有钱币状金块的人的需要，由国家大量制造的一种钱币。这类金币铸造量大，交易量也大，不讲究年代、造币厂编号、制造工艺水平及表面磨损等状况，只注重重量，无多大纪念价值，其价格稍高于实金。

比较流行的纯金币有加拿大的枫叶币，美国的鹰元币，澳大利亚的鸿运币，南非的富格林币及我国的熊猫币等。

（二）纪念金币

纪念金币发行的目的主要是观赏、收藏，并用于纪念历史人物或有重大意义的历史事件，有很高的收藏价值。

纪念金币从公元前到现代都有，品种很多，比如著名人物诞辰纪念金币、奥运金币、独立周年金币等。

纪念金币的价格虽然受金价的影响，但这种影响并不是最重要的。这种金币的价值高低主要由其稀缺程度、年代的久远度、发行量的大小及其艺术性决定。

三、金饰品投资理财

黄金饰品的投资理财，其实是一种消费和投资的巧妙结合。在经济状况越来越好的今天，投资金饰品成为投资黄金的主流。

金饰品的价格也随着金价的变动而变动。

四、黄金艺术品的投资

黄金艺术品的价值由两方面构成：黄金价格及艺术的创意、造型所具有的价值。所以，黄金艺术品有极大的增值空间。在所有的黄金投资种类中，它受黄金本身价值的影响因素最小。

五、投资黄金及艺术品的注意事项

（一）储存安全要做好

投资金条、金块，储存和安全措施要跟上。建议委托银行保管，虽然要交一定的保管费用，但投资者免去了丢失、被抢劫的意外风险。花点钱买个安心，何乐不为呢？

（二）金币种类要慎选

如想投资理财金币，对金币的种类一定要慎重选择，这直接关系到未来的收益。具体来说，要关注以下三点：

1. 首先要弄清楚所要购买的金币是否由国家或中国人民银行发行，有无面额。有面额才有保证。

2. 要弄清发行量的大小。发行量大小决定着升值潜力的大小。

3. 艺术品位的高低。金币做工是否精致，图案是否精美，是否有时代精神或符合时代潮流。

（三）成色很重要

投资理财黄金饰品和黄金艺术品要把握好材质的成色。成色低增值就小。另外，投资黄金艺术品需要投资者具有艺术鉴赏力。

（四）其他要考虑的方面

1. 在准备投资理财黄金之前，要多了解有关黄金的知识。

2. 如果自己不能鉴别黄金的成色，应该请理财师鉴定。

3. 买卖黄金，要在法律许可的范围内进行，不能违法。

4. 不能贪图便宜而成为走私犯的销赃者。

 投资黄金也要有风险意识

黄金，以其保值而为世人所珍爱，成为人们青睐的理财产品。然而，投资黄金也是有风险的。在投资领域，技术很重要，但是你技术再好也不可能成为"常胜将军"，重要的是你要有风险意识，懂得如何降低投资的风险。

美国加州大学的一位经济学家，研究过黄金从 1560 年至 1973 年长达 400余年的价值变动，得出的结论是，如果把历年的黄金价格换算成 1973 年的币值（考虑通货膨胀、物价变动等因素），那么，在 400 余年间，黄金价格基本上没有什么变动。

那么，我们能由此得出黄金价格是恒定的这个结论吗？其实是不能的！

　　黄金如果作为商品，其价格受市场的供求关系决定。影响供求关系的有多方面因素，如美元汇率、隐含利率、黄金产量、石油价格和国际局势的变化等等。在我国，金价受经济因素和供求关系的影响时有波动，但没有国际市场起伏变化的幅度那么大。但无论如何，投资者必要的风险意识仍不可或缺。

　　一般来说，国际黄金价格低迷的原因有以下几点：

　　1. 其他投资理财渠道对广大投资者的吸引，资金流向远离黄金。股票、债券、期货、基金等等，各种投资理财渠道吸引了广大投资者的资金。

　　2. 20世纪后期，美元坚挺，各国央行纷纷抛售黄金买进美元，使金价雪上加霜。

　　3. 世界局势的和平主流，使黄金避风港的作用荡然无存。

　　因此，投资理财黄金也有风险，不过小投资者可以不必担心这种风险。目前，是国际金价和国内金价都比较低的时期，有志于投资理财黄金的人士可以考虑适量购进。

　　那么，在具体黄金投资的过程中，我们应该如何学会降低黄金投资的风险手段和步骤呢？

　　1. 学会建立头寸、斩仓和获利

　　"建立头寸"就是买进黄金的行为。选择适当的点位把握金价水平以及建立头寸是盈利的前提。如果入市时机较好，获利的机会就大。相反，如果入市的时机不当，就容易发生亏损。

　　"斩仓"是在建立头寸后，突遇金价下跌时，为防止亏损过大而采取的平盘止损措施。例如，以每盎司920美元的价格买入黄金，后来金价跌到914美元，眼看名义上亏损已达6元。为防止金价继续下滑造成更大的损失，便在 914 美元的价格水平卖出黄金，以亏损 6 元结束了。有时交易者不认赔，而坚持等待下去，希望金价回头，这样当金价一味下滑时会遭受巨大亏损。

"获利"的时机比较难掌握。在建立头寸后，当金价已朝着对自己有利的方向发展时，平仓就可以获利。例如在 911 美元买入黄金，当金价上升至 918 美元时，已有 7 元的利润，于是便把黄金卖出，赚取利润。掌握获利的时机十分重要，平盘太早，获利不多；平盘太晚，可能延误了时机，金价走势发生逆转，不盈反亏。

2. "金字塔"加码

"金字塔"加码的意思是：在第一次买入黄金之后，金价上升，眼看投资正确，若想加码增加投资，应当遵循"每次加码的数量比上次少"的原则。这样逐次加买数会越来越少，就如"金字塔"一样。因为价格越高，接近上涨顶峰的可能性越大，危险也越大。

3. 不要在赔钱时加码

在买入或卖出黄金后，遇到市场突然以相反的方向急进时，有些人会想加码再做，这是很危险的。例如，当金价连续上涨一段时间后，交易者追高买进了该种品种。突然行情扭转，猛跌向下，交易员眼看赔钱，便想在低价位加码买一单，以摊低成本，拉低头一单的金价，并在金价反弹时，二单一起平仓，避免亏损。这种加码做法要特别小心。如果金价已经上升了一段时间，你买的可能是一个"顶"，如果越跌越买，连续加码，但金价总不回头，那么结果无疑是恶性亏损。

4. 不参与不明朗的市场活动

当感到金市走势不够明朗，自己又缺乏信心时，以不入场交易为宜。否则很容易做出错误的判断。

5. 不要盲目追求整数点

黄金投资中，有时会为了强争几个点而误事，有的人在建立头寸后，给自己定下一个盈利目标，比如要赚够 900 美元等，心里时刻等待这一时机的到来，有时价格已经接近目标，机会很好，只是还差几个点未到位，本来可以平盘获利，但是碍于原来的目标，在等待中错过了最好的价位，坐失良机。

6. 在盘局突破时建立头寸

盘局指牛皮行市，金价波幅狭窄。盘局是买家和卖家势均力敌，暂时处于平衡的表现。无论是上升过程还是下跌过程中的盘局，一旦盘局结束时，市价就会破关而上或下，呈突破式前进。这是入市建立头寸的大好时机，如果盘局的时间周期很长，突破盘局时所建立的头寸获大利的机会更大。

另外，作为黄金投资者来说，还要谨记金市操作的一些经典理念：

1. 只用输得起的钱进行投资

2. 最初的交易从小数额开始

3. 交易前要制定出交易计划

4. 严格执行交易计划，勇于止损

5. 不过度交易（失败后或成功后）

6. 不要被几个点误导，区分希望与获利

7. 努力承受心理与生理上的压力

8. 不怨天尤人，勇于承认错误

9. 重大事件公布前可离场观望

10. 学会赚取意外之财

12. 不把全部资金压到一笔交易上

13. 在金价上涨时不要倒金字塔加码

14. 边缘入场收获大

15. 顺势而为，不逆市操作

16. 补充能量，独立决策

 ## 鉴别黄金成色的技巧

黄金是一种世界货币，具有高度的流通性和变现性。只要纯度在 99.5% 以上，或具有世界性信誉良好的银行或黄金自营商的公认标志及文字的黄金，不论携至天涯海角，都可依照伦敦金市当日行情的标准价格进行买卖。

但这一切都要依据于黄金的成色，也就是纯度。黄金的成色，直接关系着黄金的价值，掌握鉴别黄金成色的技巧和方法是黄金投资的关键。作为黄金投资者，一定要掌握一些鉴别其纯度的方法，以便达到良好的投资理财效果。

鉴别黄金需要一定的经验和技巧，各种不同成色的黄金，其颜色、亮泽和价值都是不相同的。经过长期的实践摸索和分析，我们总结出来一些简单的基础鉴别法。

1. 看颜色

有一句鉴别黄金成色的口诀是"七青、八黄、九五赤，颜色灰白对半金"。也就是说，黄中带红的成色最高，有 95% 的金含量；含金 80% 的呈黄色；含金 70% 的呈青黄色；黄中泛白泛灰的含金量最低，只有一半。

2. 手掂法

因为黄金的比重大，所以拿在手里有沉甸甸的感觉，而赝品则轻飘飘的。这种方法适用于最初的鉴定。

3. 牙咬针划法

真金质软，用牙咬可出现牙痕，用针尖刻划也显出明显的痕迹。假的及成色差的痕迹模糊。

4. 音韵弹力测试法

成色高的黄金掷在坚硬的地板上，发出"噗嗒"的低闷声，缺乏弹力。成色低或假的发出的声音尖而亮，而且有弹性。

5. 弯折测试法

黄金质软，易弯不易断。97%以上成色的黄金，弯折两三次后，弯折处出现鱼鳞纹；95%左右成色的，弯折时感觉稍硬，鱼鳞纹不明显；成色再低的，弯折时很硬，无鱼鳞纹；含杂质较多的或赝品，弯折几次便可折断。

6. 试金石测试法

利用中国人民银行统一制定的，用于鉴定金银成色的金对牌和被测物在试金石上摩擦，据颜色对比，确定真伪及好坏。

7. 灼烧法

可在 1000℃左右的高温下灼烧黄金，看是否保持不变色、不氧化、不熔化，从而辨别真伪。

黄金投资要抓住行情与时机

在投资领域，时机与行情对投资的效果和收益有着十分重大的影响，谁把握住了时机、掌握了行情，谁就能在投资中获得更高的收益，取得高额回报。

同样，黄金投资也是如此，从长期来看，黄金的增值幅度不会很大，长期持有黄金的主要功能是保值。从短期来看，黄金市场价格时常波动，投资黄金有赚头，但风险也较大。投资者要想从黄金市场上投资获利，就必须掌握科学的行情分析，才能心中有数，胜算较大。

在众多因素中，供求量的变动是决定金价变动的最基本因素。供过于求，金价下跌；供不应求，金价上涨。

精明的投资者应该抓住时机，低进高出。但这是需要时间和耐心的，任何急功近利、一蹴而就的思想都可能导致投资的失败。因此，我们必须把握以下几点。

1. 黄金的供与求

流通渠道内的黄金来自三大途径：产金国所开采的黄金，还原重用的黄金及各国政府抛售的黄金。各国官方出售的黄金量是影响金价的一大因素。

在黄金需求方面，现全球对黄金的一半以上需求用于金饰及工业上，其中工业用途最广泛的是电子工业、太空科技、军事工业以及牙医业。其余的大多以金币、首饰或金条等形式为投资者收藏或作为官方储备。

2. 美元与黄金

黄金虽不是货币，但在国际市场上一般以美元标价。因而，美元与金价密切相关。

西方某研究金价的机构研究结果表明：金价对美元汇率极为敏感。美元增值，投资性购买就转向美元，金价就会下跌；若美元贬值，民众出于保值心态，便大量抛售美元，抢购黄金，促使金价上涨。

3. 战争、政局对金价的影响

黄金素有"乱世英雄"之称，在乱世之时，把资产转变为黄金储存，具有最好的保值能力。

金价对于国际政治局势及偶发事件极为敏感。伊朗人质事件、阿富汗战争、福克兰战争、南非暴动等，都曾使金价上涨。当政局不稳时，人们纷纷抛售其他资产购买黄金，形成一股抢购黄金的风潮，对黄金市场造成极大的冲击，导致金价飞涨。

投资铂金的理财知识

相比黄金，铂金更具有商品的属性，铂金最常用于汽车制造业，因此，从中线投资机会来看，铂金大幅上涨需要经济复苏工业回暖作为基础。所以，对于想要投资铂金的投资者来说，一定不能孤立地看待铂金市场。

此外，近年来，铂金制成的装饰品在珠宝市场上所占的份额越来越大，铂金首饰似乎有取代黄金的趋势。铂金作为一种具有投资价值的金属，在黄金、白银等贵金属之中属后来居上者。

众所周知，除了2008年黄金与铂金一度出现基本等价的情况之外，铂金价格一直远远高于黄金的价格，但是从2011年下半年开始，黄金的价格不断攀升，黄金和铂金价格倒挂创了10年来新高。由此可见，在目前的形式下，铂金具有更为广阔的升值空间和投资价值。

总之，铂金既可以作为一种投资金属，也可以作为一种储值金属，它的工业用途和稀有性决定了它必会成为人们关注的热点。但是，世界局势的动荡，通货膨胀带来的恐慌，美元升降等因素对铂金的价格也有很大的影响。因此，投资铂金更需要一定的投资技巧和理财方法。

具体来说，投资铂金必须掌握以下常识。

（一）铂金比黄金更稀有

铂金的年产量还不到黄金年产量的1/5。所以，也可以这么比喻，流通量大的黄金好比股票市场中的蓝筹股，但铂金却是成交量大的高价股。当你明白这一因素时，你就可以想像到，遇到供求有显著变化时，铂金价格有很大的起伏变化。

（二）铂金的工业用途比黄金多

美、日两国由于是工业大国，占去了全球铂金工业耗量的八成。在美国，铂金被视为"战略性物资"。如此一来，工业需求的变化，对铂金的影响远大于黄金。

近年来，由于美、日等国的工业需求放缓，铂金的价格一度下跌，低于黄金，但铂金价比黄金价低的这种情况并不常见。

（三）黄金、铂金价格上相互影响

铂金和黄金的价格走势，常均衡发展。往往一种价格先上升，另一种也会跟着上升，这是投资者应该密切关注的问题。曾有一段时间，铂金价格随着黄金价格的飞升而达到历史性的高峰，每盎司比黄金贵出约 400 美元。

（四）铂金流通量小

铂金由于量小，流通量常常没有保障。铂金的投资渠道相对于黄金较狭窄。黄金有金块、金条、金饰品、金艺术品，而铂金目前只有金饰品。所以，投资者的选择余地较小，这是投资者应该注意的问题。

（五）其他小常识

除以上几点之外，投资者还应该注意以下几个问题：

1. 铂金投资所需资金量要高于黄金。

2. 投资铂金和投资于其他贵金属一样，不能带来经常性的收益。它的唯一赚钱机会是市价升值。

3. 铂金投资理财历史较短，只是近二三十年的事。铂金能否抵抗通货膨胀没有经过历史检验，投资者应该有心理准备。

4. 铂金的工业用途广泛，又属稀有金属，投资者如想投资理财铂金，可作为长线投资理财纳入计划。

5. 铂金不但稀有，而且采炼又极困难，成本极高，再加上它的生产国有限，所以投资者不用担心铂金会供过于求。

6. 由于铂金和黄金的价格相互影响，所以，投资者可以密切关注黄金的走势，当黄金大升而铂金落后时可以立刻购进铂金作为短线投机。

投资白银的理财知识

在金价持续走高的背景下，黄金、白银投资越来越受到投资者的重视。由于白银投资门槛比黄金低，投资白银也逐渐进入投资者的视野，受到很多人的喜欢。

白银的价格走势也和黄金、铂金一样，受通货膨胀、利率变动、政局和工业需求的影响。不过，这些因素对白银价格的影响和对黄金价格的影响是有区别的。白银受工业需求影响最大。

由于白银工业耗量大，所以工业需求成为左右银价的最重要的因素。白银投资者不能不参考客观的供求因素，分析其利好或利淡行情。

白银也和黄金一样，会受突如其来的因素影响而产生剧烈的价格波动。事实证明，如果 1980 年购入黄金或白银，不但谈不上升值，至今距离保值仍然遥远。

白银投资种类主要有以下几种。

（一）银锭

一般来说，银锭的表面上铸印有许多资料，包括铸造业主、厂家的名称或标记、成色、重量、编号等等。

（二）银币

银币包括纪念币和货币。国内投资领域的银货币主要是以前的旧币，民国时期的最多；其次是清朝时铸造的龙币，这时期的货币数量有限，市场升值的潜力大，因此，有投资价值。对于投资现代纪念性银币则要以发行量的多寡而论。

（三）徽章、奖牌

在投资领域里，有部分银质徽章、奖牌，但数量有限，不易购求。

（四）银饰、银工艺品

投资银饰、银工艺品主要看做工的精美度、艺术品位的高低以及材质的成色而论。

现在的投资者多热衷于银币，对银币的鉴定、识别赝品仍是投资的关键。银质徽章、奖牌因为数量有限，人为炒作的因素很大，所以投资者应该慎重介入。投资银质工艺品重在做工精细程度和艺术品位的高低。

投资宝石的理财知识

宝石是珍贵的矿产资源，素有"黄金有价，宝石无价"之说。拥有宝石是拥有财富的象征，在商品经济社会里，宝石更成为人们保值、增值的重要投资对象，有人曾把宝石投资称作是永远不贬值的投资。

但是，很多人提到宝石往往会认为那只是有钱人的专利。这种看法在过去无疑是正确的，但现在已有很大的变化。19世纪以来，人类就开始大量制造各种品级不同的宝石，结果是许多有钱人想拥有宝石的愿望变成了现实。

但在同时也制造了许多廉价的宝石，让许多"穷人"的爱好也得到了满足。

对于想要投资宝石的投资者来说，首先要充分认识和了解宝石的特点以及投资宝石的一些注意事项。

一、宝石的特点

黄金有价，珠宝无价。珠宝缘何如此珍贵，这与它自身的特点是分不开的。那么，宝石有哪些特点呢？

（一）物以稀为贵

宝石是自然界中最为稀有的物品之一。一切天然宝石都是大自然的产物，需要经过漫长的地质变迁才能结晶生成，任何一粒宝石都不是轻易能够得到的。

（二）有非常高的使用价值

大多数宝石硬度大、体积小、强度高，在一些特殊工业中有着非常大的用途。

（三）装饰性强

宝石的色泽灿烂无比，有极高的观赏性，它可以作为高档饰品以增添雍容华贵的气质，因而备受人们青睐。

（四）贮藏宝石可以增值

由于宝石稀有、价值稳定并且不断升值，贮藏宝石已成为越来越受世人欢迎的有利可图的一种投资理财方式。

（五）宝石家族庞大

宝石家族很大，包括极品钻石、红宝石、蓝宝石、绿宝石、翡翠、橄榄石等等。其中，钻石主要产地是南非；红宝石主要产地是泰国、缅甸；蓝宝石主要产地是斯里兰卡；绿宝石主要产地是安哥拉；翡翠主要产地是缅甸；橄榄石主要产地是缅甸、泰国。

在宝石家族中，上面 6 种堪称"石王"。除此而外，世界上还有多种相当稀有、漂亮，而且价值还没有升到惊人地步的宝石。世界上有色矿石品种不下 300 种，能被称为宝石的也有 40 多种。

二、投资宝石的注意事项

1. 热炒中的宝石，如果投资者没有足量的资金和充足的把握，最好不要介入。

2. 投资者可以考虑购入未来升值潜力高的某种冷门石，也有赚钱的可能。

3. 对宝石质地没有把握时，要请鉴定师鉴定。

4. 购买宝石时要索取资质单位出具的鉴定书。

5. 学会鉴别天然宝石和人造宝石。

人造宝石在高温中熔解时，会有气泡产生，因此，若在宝石中发现有圆形的气泡，则必定是合成物。天然宝石因为夹杂有其他矿物，即使有像气泡般的孔，也不是呈圆形的，并且内部含有少许的液体。

用高倍放大镜来观察宝石内部，如果是天然结晶体，则会形成细微的平行线；相反，人造宝石是经熔解凝成的，因此形成的线是曲线。

投资钻石的理财知识

钻石是指经过打磨的金刚石，金刚石是一种天然矿物，是钻石的原石。虽然人类文明已有几千年的历史，但人们发现和初步认识钻石却只有几百年，而真正揭开钻石内部奥秘的时间则更短。在此之前，伴随它的只是神话般具有宗教色彩的崇拜和畏惧的传说，同时把它视为勇敢、权力、地位和尊贵的象征。如今，钻石不再神秘莫测，更不是只有皇室贵族才能享用的珍品。它已成为百姓们都可拥有、佩戴的大众宝石。钻石的文化源远流长，今天人们更多地把它看成是爱情和忠贞的象征。

此外，钻石由于其稀罕和璀璨无比，被西方人称为"上帝的眼泪"。

钻石，不但美丽无比，而且在工业上还有极高的使用价值。由于它是目前人类所发现的硬度最高的物质，所以，在加工工业中有着极重要的作用。

公元前800年左右，钻石首次在印度被人发现，最初用于佛像的装饰。17世纪，荷兰的宝石业者开始着手发展钻石加工业，在此以前，由于钻石本身质地很硬，人们无法将它加工琢磨成适当的形状。加工琢磨技术提高后，钻石的独特光泽显现出来了，一跃成为珠宝新贵。

自19世纪以来，钻石便被看做是一种值得投资的宝石。近几年来，全世界的钻石在戴比尔斯公司的经销控制下，已建立了统一的行情表。

钻石的价格虽然因其奇缺和珍贵而逐年攀升，但一般仍被视为一种风险性较高的投资。究其原因，在于钻石因重量、成色、净度、割切技术的不同，在价格上存在很大的差异。这些因素，是投资者在投资钻石时必须要掌握的。

（一）钻石的颜色

钻石以无色透明者为上品。

但是，天然出产的钻石中，无色透明的很少，带有黄色、褐色的钻石居多，这是因为钻石内部含有微量的铁成分以及碳元素粒子。通常能作为宝石用的钻石约占全部开采量的10%，其余都作为工业用途。

钻石的颜色与钻石的等级密切相关。大体说来，无色透明的是上品；无色但透明度稍差的次之；初看无色，但实际上略呈黄色者又次之；呈明显黄色的钻石再次之；呈深黄色或褐色的品质最次。

有一种无色而透着蓝光的"蓝白钻"，价格高于无色钻石，尤其是纯蓝的蓝钻，其价格更加高昂。目前陈列于华盛顿史密斯博物馆的"希望之钻"，就是蓝钻中的极品。

（二）钻石的净度

钻石以纯净无瑕者为上品。

由于钻石的结晶体有一特性，就是朝一个固定方向，很容易劈裂。另外，钻石本身是碳元素的结晶体，多半含有黑色的碳元素粒子，因此，多数钻石都存在不同程度的瑕疵。外部的包括擦痕、蹦碴、刻痕之类；内部的包括裂痕、白花、黑点等。这些瑕疵的存在，直接影响到钻石价值的高低。因此，投资者在购买钻石时，应注意以下几点：

1. 毛病的多少。毛病少的好，毛病多的差。

2. 瑕疵的颜色。黑点颜色比白花明显，因此，相对而言，黑点更次。

3. 瑕疵的位置。瑕疵在边缘对钻石的影响要比瑕疵在中间的影响小些。

（三）钻石的切割

钻石的切割就是对钻石的琢磨，是使天然钻石成为装饰品的一个不可或缺的环节。因而，切割加工法的高明与否，会直接影响到钻石的价格。目前，全球以荷兰、比利时的切割工艺最为上乘。

钻石在切割时，需考虑其重量、刻面有不同的形式。其中多面切割法最为流行，可以说是最能表现钻石的美丽、透亮的一种方法。

近年来盛行一种新式切割法，就是把冠面切割得比原来的更宽，面尖底几乎磨成尖锐的形状。这种切割法比老式的多面切割法更精美，价格也更昂贵。

（四）钻石投资的注意事项

1. 理财师建议投资者可考虑投资 1~5 克拉的钻石。

2. 注意识别钻石的成色。近年来，有人为了牟取暴利，使用放射线对钻石进行人工着色，其颜色可以完全渗透到钻石内部，普通人很难将它们与天然钻石区分开来，因此，在购买时谨防上当受骗。

3. 索要国际公认的鉴定书。钻石的价格受其色泽、品质、工艺、重量等诸多因素的影响，因此，在购买时一定要索取国际公认的鉴定书，以确保钻石的价值与品质相符。

投资珍珠的理财知识

与其他宝石不同，珍珠是有生命力的。

一方面是指珍珠是贝类孕育的，靠生命力塑造，另一方面则是，珍珠和生命体一样有着生老病死，不论是多么贵重的珍珠，经历 100 年都会风化变质，被世人赞叹的珠光会黯淡消失。而在保存上，珍珠怕酸怕碱，也不能经受强烈撞击，保护的唯一办法就是精心保管，经常佩戴，因为人身上分泌的油脂可以延缓珍珠风化的速度。

就因为珍珠有寿命，很多人给珍珠下了一个不好的结论：虽然珍珠在行业内被誉为"宝石皇后"，但绝不是投资的首选，不能长久保持珠光的珍珠在保值性能上根本无法与钻石、黄金相提并论。但说法归说法，现实是现实。国内古旧珍珠的价格也曾蹿上每克 200 元以上的高位，尤其是广西合浦出产的"南珠"，3 克以上就超过万元，若是最上乘的"夜光珠"，净重达 3 克以上的，价格更达数十万元，是藏界公认的潜力品种。而国外，珍珠的价格更是高得惊人，2009 年 4 月，在佳士得纽约拍卖会上，一条以 68 颗罕见天然珍珠串成的项链，卖出了近 710 万美元的天价。可见，有生命的珍珠绝不是不可以投资，相反，如同有期限的权证比股票更赚钱一样，珍珠价格产生的波动足以让投资者获得高收益。

随着中国经济的发展，富人对奢侈品的需求越来越大，很多稀缺奢侈品的价格一直在上涨，普洱、紫砂壶、红木家具以及古董字画都是比较不错的例子。就珠宝这一领域而言，钻石、金银的门槛都比较低，几乎人人都可以拥有，但高品质珍珠则很少落入寻常百姓家，投资潜力很大。

一位资深的业内人士曾断言说：依靠现在的自然环境条件，凭借科学技术，珍珠的产量也是有限的。就算尽可能大地增加珍珠的产量，也不可能出现供大于求而降低价格以满足所有爱好者的需要。

珍珠和牛黄、麝香一样，是造物主赐给人类的珍宝。人类依靠自己的智慧虽然能增加一些产量，但要想像商品生产大规模流水线作业一样生产，则是难以实现的。

所以，对广大的投资者而言，珍珠仍然是可行的具有很大投资潜力的理财产品。直径在 1 厘米以上、颜色润洁、形状浑圆的珍珠堪称极品，有较高的收藏价值。

（一）真、假珍珠的鉴别

1. 从颜色上看。天然真珍珠的颜色不是纯白色，而是白黑泛彩，迎着光线侧看，有淡淡的油彩颜色为正，否则为假。

2. 从划痕上看。持珍珠在较为粗糙的物体表面一划，如留下细腻的粉末痕迹则真，否则为假。

3. 从形状上看。真珍珠浑圆者少，多为椭圆形或扁圆形。而假珍珠多为机器所造，像药丸、滚珠一样圆。

4. 看层次。珍珠因为是珠蚌体内分泌物日积月累固化形成的，所以真珍珠的表面有年轮般的波纹，而假珍珠的表面则很光滑。

（二）投资珍珠的注意事项

1. 投资珍珠，首先要懂得鉴别，要远离赝品。

2. 购买时要索取专业单位的鉴定书。

3. 不要购买残次品，这没有投资价值。

4. 由于作为收藏品的珍珠价格不固定，所以，购买时最好请理财师对价格进行评估。

第七章
投资收藏品，学会放长线钓大鱼

收藏品投资，最具投资价值

收藏品的固有特性决定了它必将成为中国"闲钱阶层"重要的家庭资产配置。事实上，在世界范围内，收藏品投资早已是欧美、日本等发达国家"闲钱阶层"资产配置的重要部分。众所周知，投资者最关心两个要素：风险和收益。而针对艺术收藏品和股票市场长达半个世纪的投资回报统计表明：收藏品长期投资回报要好于股票市场，其风险则远远小于股票市场。从风险角度看，股票市场的周期性非常强，无论获利还是亏损，及时卖出都至关重要，否则结局往往是利润减少或亏损加大。但优秀收藏品本身的特性，使它不同于股票的涨上去、又掉下来，好的收藏品一定是持有时间越久，价值越高，长线看几乎没有任何投资风险。这也是为什么第一套人民币持有第一个10年上涨100倍，持有第二个10年继续上涨100倍，持有第三个10年即便上涨势头减弱但价格却继续昂首上扬。而从收益角度看，一只好股票上涨10倍是一大关，但好的收藏品上涨10倍只能算"毛毛雨"，甚至上涨1百倍、1千倍、1万倍的名画、钱币、邮票也比比皆是。

在国外，几十年前的物件并不值钱，唯有中国几十年前的物件价值千万元的比比皆是，这是因为中国四十多年前的"文革"使得很多老物件付之一炬！例如邮票、小人书、老地图、古玩字画等。

收藏品投资需要三个因素：盛世（天时）、物稀（地利）、群体数量（人和）。我国的收藏品可谓三者皆备。盛世不用说了，大家有目共睹；物稀也有现实的基础，"文革"的破四旧使得大量旧物件流失、损坏，现在找一件"文革"前的老物件并不是很容易；群体更是具有说服力，中国 13 亿多的人口具有丰富的收藏潜在资源。

但是，今天中国多数收藏品价格与国际发达国家相比仍然很低，与发展中国家相比也是中下游水平，主要原因是中国还是发展中国家，有钱的人数不多，而且分布也不均匀。

现在社会养老保障正在完善中，作为现在的中产阶层，完全可以用收藏品投资来弥补。收藏品投资给你带来的收益是不容小觑的。

具体来说，投资收藏品有哪些好处呢？

1. 提高个人身份地位、企业知名度和形象，间接促进其经济效益。

2. 具备国际行情的收藏品也称为"软黄金"，其价值全球公认，无主客观或地域差异。

3. 增值率高，无区域风险，艺术品易于变卖，不像土地、房产或证券会产生区域性风险，较具保值性。

比如国际藏品市场上当代书画极品佳作就炙手可热。我国当代画家作品的价值也开始走高，在香港拍卖市场，内地青年画家刘宇一的油画《良宵》，在 1993 年的时候以 963 万元的天价卖出，青年画家王林旭的墨竹画《和平万岁》在 1994 年的时候以 1500 万元的天价卖出。

4. 陶冶投资者情趣，提高其修养，可使全民族接受艺术熏陶，进而提高社会文化水准。

清朝时，苏杭一带有一个靠贩卖海产品而发家的大商人，生意做得非常大，钱财也攒得非常多，但这个姓苏的大商人却烦恼得很。原来是他忙于经商而疏于对两个儿子的管教，两个儿子一个比一个没出息，提到四书五经只会翻白眼。苏姓商人就是为这两个不争气的儿子而忧心忡忡。

当时李鸿章正在江苏一带训练军队，苏姓商人听说李鸿章在江苏，当即向其请教教子良方。李鸿章也很礼贤下士，热情地接待了苏姓商人。当李鸿章得知苏姓商人的难题后，笑着对他说："你家财万贯，不缺钱花，而江南自古是名流雅士流连之地，墨迹很多，让你那两个儿子收藏字画，兴许能改变他们。"

苏姓商人采纳了李鸿章的建议，给了两个儿子一大笔钱，让他们收购名人字画。两个儿子开始并不热衷这件事情，但慢慢地爱上了字画，而且深深地投入了进去。随着见多识广，他俩的书画知识也日渐丰富，兄弟俩常为一幅字画的真伪而争得面红耳赤。

两个儿子一改以前的顽劣脾性，变得谈吐风雅起来。苏姓商人由衷地感谢李鸿章。多年以后，兄弟俩成为苏杭一带著名的书画鉴赏家。

收藏投资的基本要素是：收藏品需具备国际行情，这样才能确保百分之百的出售率；艺术投资要确保买到真品才有价值。收藏投资需要有审时度势，看准时代潮流的眼力。若能敏捷地捕捉到热点或预测到流行浪潮，那么收藏的收益将会比其他人高出很多。目前东方的收藏品投资为中国的书画、古代瓷器、金银为主，因为这些作品的艺术品位高，有明确的国际行情。其余如古玉、古代家具（红木的）、珠宝钻翠等也较有艺术性，行情也都不错。

收藏品五花八门，一位外国投资家说收藏品是属于杂物箱中的东西，无法统计，确不为过。但不论怎么分类或统计，收藏品至少应该包括以下诸物。

1. 艺术品。包括古今名人字画、手稿、日记等，手工艺术品、雕塑、编织、刺绣，以及民族特色和地域特色较强的工艺美术品等。其中，大部分也属于是古董类。

2. 古董类。包括的东西非常多，可以这么说，凡是古代流传下来的、有收藏价值和欣赏价值的都属此类。诸如古钱币、茶具、酒器、瓷器、陶器、漆器、瓦器、服饰、刀具、文房四宝、首饰、印章等。其中，大部分也属于艺术品。

3. 其他类。这类收藏品也非常杂，如名人签字、门票、火花、粮票、布票、邮票、钟表、照相机、书籍、照片、洋娃娃、根雕、奇石、烟盒、烟具、徽章、磁卡、手机、传呼机等。

艺术品收藏，让你获得高收益

艺术的魅力是持久永恒的，谈到艺术品，我们马上就会想起中外诸多的艺术大家。达·芬奇、米开朗基罗、毕加索、塞尚……中国的艺术家更是不胜枚举，王羲之、顾恺之、王维、唐寅、"扬州八怪"、朱耷、石涛、"四王"、张大千、齐白石、徐悲鸿、潘天寿等等。或许我们记不得多少个帝王将相，但是我们却不能忘记这些艺术大师，这就是艺术的魅力，也体现了艺术的价值。然而，艺术品在善于投资理财的人眼里还有另外一种价值，那就是收藏价值，艺术品收藏能够给投资者带来巨大的收益和回报。

艺术家对艺术的呕血创作造就了艺术品不朽的魅力，呕血创作艺术的艺术家奉献给人类的一件件瑰宝，弥足珍贵。这也正是古往今来无数的投资者投资理财艺术品的一个根本原因。

如果考察一下世界上成名富翁的投资理财走向，就会发现，几乎所有的富翁都参与了艺术品投资理财。现在，艺术品已与股票、房地产并列为三大投资理财对象。

艺术品之所以有如此强的魅力，是因为与其他投资理财行业相比，艺术品具有不可再生性，因而具有较强的保值功能，购买后一般不会贬值。所以投资理财艺术品的贬值风险很小，如果操作得法（没买到赝品），基本上没有什么贬值的风险。

投资理财的收益与投资理财的风险往往成正比。风险越大，收益可能就越大；风险越小，收益则会越小。如股票投资和期货投资即属此类。

然而，艺术品的不可再生性决定了艺术品投资理财是一种风险相对较低而收益很高的特殊的投资理财产品。

艺术品收藏在近年来价格迅速飙升，其中的原因是什么呢？俗话说"盛世古董，乱世黄金"，艺术品市场火暴的原因，是近几十年世界总体和平的局势和蓬勃发展的各国经济决定的。人们在丰衣足食之余，追求和嗜好的品位也越来越高。商品需求市场越来越大，而供应市场不可再生，这种商品必然是收益很高的。

虽然艺术品收藏的风险很小，但并不能说明艺术品收藏的整体风险也很小。相反，艺术品收藏在购买和鉴别过程中，往往存在很大的风险。不存在没有"被打过眼"（以高价把赝品当真品收购）的收藏者，也有的人把真品当便宜货出让了。可以说，在收藏界，赝品随时可能搅花你的眼睛，使你花那冤枉钱。只要你想做收藏，那么，购买和鉴别的风险就以很大的概率跟在你身边。所以，对于初入收藏行当的人来说，以下几点必须注意：

1. 初介入者，要把握住"四多二少"的原则：多看、多问、多了解、多比较；少心急，少出手。

2. 依据自己的财力确定自己的投资理财对象。

3. 对艺术品和古董要有全面的了解，介入前，最好多读一些有关的书籍，多学习一些专业的知识。在收藏行当，永远有学不完的知识，多学永远错不了。

4. 收藏艺术品，要做长线投资理财的准备，不要有急功近利、急于求成的思想。

5. 要有平和的心态，不要以为自己是幸运儿，"天上掉馅饼就能砸中自己"。要知道，真品永远是少数，不是随便就能碰上的。

收藏品投资也有风险性

作为第三大投资理财工具的收藏，虽然以它独有的稀缺性和珍贵性让投资收藏者不仅能保值，还能在恰当的时机大大地赚上一笔。但不是每个收藏者都这么幸运，它对大部分的人来说是击鼓传花，接的是最后一棒，尤其是对普通的新入行的投资收藏者来说，也是极具风险的一种理财方式。

首先，收藏品具有资源稀缺性，这就决定了它的数量稀少而且价格不菲，例如老一点的黄花梨家具，全部加起来也不到一万件，还有一些名家的字画、古董等收藏品均是一件难求。同时，在巨大的商业利益驱动下，当前的收藏品市场中已经形成了一条投资炒作完整的作业链条，从家具拼装、瓷器做旧、收藏品造假到鉴定机构、鉴定专家、鉴定证书一应俱全，让我们眼花缭乱，给普通大众投资收藏者辨别真伪着实增加了一定难度。

其次，这个行业属于新兴的产业，各种相关的法律政策还不完善，监管还不到位，这就为大量的炒作提供了可乘之机，使诡诈欺骗之术横行于市场之中。在别的行业里，你买到假货可以到工商局投诉，而在收藏品这个行当中买了假货，只能自认倒霉，你想拿起法律武器保护自己时，按照现行的拍卖法规定，除非是鉴定人在鉴定前明知委托人是制假售假并与之同谋的才构成诈骗罪，而在实践中恰恰很难证明鉴定人在个人主观方面是否存在着这种"故意"行为。

最后，进入收藏品行业的门槛很高，不是每一个投资收藏者都可以辨别藏品的真与假，有眼力的藏家不仅可以把玩到其中的乐趣，而且还可以从中获取高额的利润，相反，对于那些上当受骗的藏家来说，损失金钱同时也给自己带来了精神上的打击。因此，在进入收藏品行业时，除了有充裕的资金以外，还应该具备一定的专业知识，学习一些辨别真伪的能力。

比如说，名人真迹字画是很具增值潜力的藏品，但古今中外的著名油画家、国画家、书法家的画作和墨宝都十分昂贵，以一般家庭的财力难以问津。而且字画赝品在全世界呈泛滥之势，连著名的国际大拍卖行都不敢保证其真实性，足见其投资风险之大。

古董同样价格昂贵，赝品泛滥，对投资者的专业知识要求极高。除了这方面的专家、学者，一般家庭最好不要介入。

投资收藏，必须学习掌握一定的专业知识。真正有价值的藏品，数量有限而且价格奇高。市面上频频出现的大都是赝品，有些赝品以假乱真的程度足以骗过一些资深专家。所以，在投资收藏品来增值或保值时，我们一定要持谨慎态度，要清醒地认识到自己是否具备进入这个行业的能力，不能因为仅仅看到它的高额利润而匆忙进入，否则一旦出现问题，就会给自己带来巨大的损失。

有的家庭理财需帮手，或是最亲近的人，或是值得信赖的人，或是依法委托的人。理财帮手应该具备两个基本条件，一要值得信赖，二要有一定的理财本领。

找自己亲近的人，比如子女、兄弟姐妹做帮手自然是再好不过。但需要注意的是，选择时一定要慎重，亲近并不等于值得信赖。

再则，可以找依法委托的帮手，如为家庭提供理财服务的机构、专家、律师等。现在国内各大银行纷纷开办了家庭理财服务业务，但目前还仅限于为客户提供理财咨询、介绍投资渠道、办理消费贷款、资信证明和预约国债等初级阶段，这和国外那种全权委托投资管理还有很大的距离。有些投资咨询公司、理财顾问公司可以提供全权委托理财服务，并且承诺预期回报，但是，国内目前理财服务的相关法规还不健全，信用体系也不够完善，在选择时一定要注意对方的实力、信誉，避免上当受骗。

投资古玩的理财知识

古玩艺术品投资近几年来被炒得火热，拍卖市场上古玩字画身价屡创新高，很多人对投资古玩的兴趣也大大增加。然而，到底什么是古玩呢？

古玩，古即是古代，表示年代久远；玩即是品评和鉴赏。因此古玩应该是指文雅而又有品位的器物，即古代遗存下来的珍贵物品的通称。在明朝以前，人们把珍贵的古物称为"骨董"，由于"骨"和"古"同音，所以人们后来就把"骨董"叫做"古董"，"古玩"是清代开始流行的一种叫法。

收藏古玩、投资古玩最大的价值，莫过于以低价买到价值非常高的东西，行话也叫做"捡漏"。但是，在现实生活中古玩的投资有很大的水分，就是以一个正常的价格买到一个价值相等的东西都非常难得。所以，要想投资古玩的朋友们，不要抱着"捡漏"的心态去投资，否则极容易上当，使自己遭受不必要的损失。具体来说，古玩投资者需要了解并掌握以下几个方面的知识。

（一）古玩是中国传统的投资项目

"招财进宝"是古训，明清晋商、徽商发家致富后大都回乡置地造豪宅搜集古玩。黄金有价，古玩无价。家藏多少"宝"，决定一个富人的文化品位与身价。古代大户人家的男子、女子都家传文史、古玩书画知识，当代理财师也必修古玩基础知识课程。

从古到今，古玩在收藏投资中占有的重要地位从不曾动摇，特别是古玩中的精品瓷器和书画这些艺术含量高的藏品，其永远升值。

十几年来，据世界上两家最大的拍卖行苏富比、佳士得拍卖资料显示，中国明清官窑瓷器年增值率为 22%，比国外一些著名基金投资增值率 15%还要高。精品古玩价值正逐年上升，年增值 20%，是通常古玩行家的最低利润，如眼力好，"捉漏"（以较低价格买到真品），一件藏品增值 100%到 1 000%的例子不少。

（二）古玩投资项目

1.古瓷器。明清官窑瓷器价格已到位，高古陶器、精品民窑瓷器升值有潜力。但瓷器中五花八门的造假手段和赝品太多，故要格外谨慎小心。有意思的是，当代名人新瓷比民窑精品瓷还贵，故可留心。

2. 古家具。明清红木家具价格已到位，清末民国白木家具有升值潜力。

3. 古雕刻。明清木雕、竹雕、牙雕、玉雕等有升值潜力，尤其是名家作品。

4. 奇石。奇石市场刚起步，奇石升值无市场参照系，故可以作为投资黑马对待。

5. 古书画。书画作品赝品太多，没有行家指点，可作装饰，少作为投资。如有行家指点，可用渐进法，先玩小名头，再玩中、大名头。

（三）投资玉器

"黄金有价玉无价"，投资玉器，不失为财富增值的一种理想选择。由于玉器中不少精品都是旧玉，投资者可以将精力集中在旧玉的投资上。旧玉数量稀少，价格昂贵，收藏价值高。新玉数量多，有时"以新充旧"，购买者要特别谨慎。投资者如何区分新旧玉器呢？以下两点可供参考。

1. 肉眼外观。由于旧玉器流传多年，边角会产生小腐蚀点，长时间的手汗、把玩、佩戴，这些腐蚀点变黄或变红，边角手感自然、舒适，玉器上的痕迹也十分自然。旧玉多有油润感觉，玉质极好，透明度高，自然纹理丰富。而新玉有用工具做出的边角的残痕，有打磨的痕迹，有锋利的尖角，触摸时会有明显的扎手之感。

2. 工艺区分。旧玉的加工是人工琢出来的，弧线非常流畅，阴线宽窄若一、深浅一致，线边平整无崩裂，外观温润舒适。而目前新制作的玉器，线条过渡不均匀，深浅不一致，以致线条两侧过于锋利，或有崩裂的痕迹。

 ## 瞄准进入市场的最佳时机

艺术品投资理财和其他形式的投资理财一样，首要的一步就是瞄准进入市场的最佳时机。时机的把握对艺术品投资的效果有着至关重要的影响和作用，如果你进入艺术品收藏的时机不对，贸然进行投资，就会使自己遭受到极大的损失。相反，如果你瞄准了进入市场的最佳时机，你就会在投资的过程中获得极大的收益。

一般而言，在一个政治比较稳定的社会里，艺术品的供给和需求在总体上是比较平衡的。但在兵荒马乱或社会大动荡的岁月里，两者便发生了不平衡。乱世岁月，官方和民间的收藏就无法得到良好的保存，人们食不果腹，也无暇顾及自己的收藏品，往往会大量抛售收藏的艺术品。此时，艺术品价格相对就比较便宜，若有资金和收藏条件，这个时候就是艺术品投资理财的好机会。

在艺术品市场上，可以查明 5~10 年间字画价格的变动趋势；在拍卖市场的拍卖记录中，也可以查明字画价格的走势。投资者可以把连续几年甚至十几年间艺术品的价格变动做成一个曲线图，进行回归分析。只要一位名家的作品价格在 10 年间维持上扬，而且上扬的幅度很大，这时，投资者就可考虑投资于这位名家的作品了。

对于投资者而言，艺术品的标价也是一个应该弄清楚的问题。画展和画廊中的艺术品的标价，是由艺术家自定的，因此，要注意这些价格的市场接受能力。也就是说，不仅要看销售价格或者成交价格，也应看艺术作品的成交量。如果艺术品的成交数量高并维持标价，表示市场能接受这类作品的价格；反之，打折销售或成交量有限，只能算是有行无市。投资者凭借着对这些知识的掌握，便能看出哪些作品受人们的欢迎，从而确定自己的投资理财目标。

但字画的价格也受许多变动因素的影响。如艺术家的名望和地位、艺术家的处世原则和方法等。了解艺术家的状况，有利于把握其作品的变动趋势，及时地把握投资理财的时机。

对艺术品的价值动向及其变化趋势的预测，也是投资者必须掌握的一种技能。投资者在投资理财的过程中，盲目跟风是错误的，如果一味刻意追随，可能要吃大亏。背离潮流而走入死胡同则更不足取。正确的做法是以自己的预见和判断作为行动的依据。

20 世纪 90 年代，我国许多艺术家追求一种中西合璧的艺术作品。因为在港台，一批海外留学归国的学子，崇尚这种非中国传统又不是纯西方绘画风格的作品，于是带动了这方面的创作。一时间，此类艺术品比较热销，然而，几年之后，抽象绘画过多过滥，供大于求，于是价格下跌，人们的审美情趣又转向传统和功利（文化艺术领域的回归与复古倾向）。若投资者不看准这一市场动向，则必然导致亏本。走在别人的前面，是投资者必须拥有的思维逻辑。

改革开放以后，海峡两岸的文化交流一时活跃起来。为了加深台湾同胞对大陆文化现状的了解，大陆有关方面组织了阵营强大的书画展览前往台湾展出。展出获得了巨大的成功，一些国画大师的作品受到台湾民众的深深喜爱。国画大师李可染便是其中的一位。

为了更多地了解画家的有关情况，以便介绍给台湾民众，台湾《联合报》特派出一位资深记者来大陆采访李可染先生。不凑巧的是，当记者好不容易赶到北京的时候，才听接待的人说李公已辞世。当时，因某种原因，李公辞世的消息并未向外界公布，因而知之者甚少。

投资观念很深的记者探知这一情况后，便立即赶往荣宝斋等寄售李公作品的画廊，见许多李可染的画仍挂在那里，价格丝毫未变。记者大喜过望，便立刻致电台湾，倾全家之所有，将大笔款项电汇北京，将李可染的作品悉数买下。一个月后，当港台及海外人士得知消息赶往北京时，李可染的墨宝已踪影全无。而那位记者，随着李可染画作价格的攀升，很快便成了富翁。

购买艺术品要选择适当的途径

投资者投资理财于艺术品的目的，最重要的就是为了获取经济利益。能否获得利润，也就是说能否卖一个理想的价钱，是投资理财者最为关注的。然而，这一目的的实现是受很多因素影响的，其中选择最合适的购买途径是一种非常实用的方法，能够有效地规避风险，趋利避害。

所以，怎样购买，从什么地方购买，就成了摆在投资者面前的一个问题。解决了这个问题，投资者的投资理财行为将更趋安全和保险。

通常而言，购买艺术品一般有以下几个渠道。

1. 从古董市场上购买

这需要投资者有比较高的鉴别真伪的能力，如果鉴别不了真伪，那么就应该避开这个渠道。现在的一些大都市，如北京、天津、西安、成都等都有古董市场和古玩店铺，投资者也可把这些地方作为了解知识、增长见识的地方。

2. 从拍卖行通过竞价方式购买

在拍卖行投资艺术品一般能确保作品的真实可靠性，而且通过拍卖行的宣传，投资影响较大。从拍卖行购买的不利因素是，由于竞买，艺术品的价格往往会被抬得比较高。

3. 从收藏者手里购买

有些人因为种种因素，手里收藏着艺术品，现在由于某些原因想把这些艺术品换成现金，这就为投资者提供了方便。从收藏者手里购买，价钱比拍卖会和画廊里的标价都要便宜，但仍然不要忘了鉴别。

4. 直接找艺术家或从其亲朋好友手中购买

这种购买方式一般无须担心买到赝品，价格也较合理，投资者乐于接受。

5. 从字画研究机构或美术院校购买

投资者可以到美术院校或各地的字画研究机构购买艺术品。美术院校及字画研究机构为了搞活本单位的经济，常常举办一些非正规的艺术品出售活动。这些地方虽乏精品和珍品，但在价钱上却让投资者非常开心。

 掌握鉴别书画真伪的方法

书画收藏，就是指人们对书画的收集、保护、管理、研究、弘扬和交流。书画收藏一般分三个层次：一是商品书画，是市场的产物，应酬性的书画作品；二是体现作者个人创作风格和擅长的作品，价格比商品书画高些；三是参展的创作作品，包括获奖作品和经过广泛宣传的作品，价位则更高一些，只有代表作品才能在历届书画拍卖会上充当主角，更具有收藏价值。

然而，书画收藏也存在着风险。古今中外的书画名家的作品几乎都有人仿制。仿制的作品出现在市场上就成了赝品，投资理财收藏的朋友最恼火的就是遇到赝品，最怕的就是买到赝品。所以，对书画作品的真伪鉴定就成为书画投资者必须掌握的知识。

简单说来，书画作品的真伪鉴定可以从以下几个方面入手。

（一）印章或签名

印章是艺术品的证明物，是取信于人的东西，书画家以此表示该艺术品确属自己的创作。由于印章的质地比较坚硬，所以许多书画家的某些印章可以延续若干年，甚至一生。一些书画家的印章虽多，但总是有限的，比起他创作的作品来说，那就微不足道了。所以，同一书画家的好多幅作品可能用的是一枚印章，这就为我们鉴别带来了方便，我们可以通过鉴别印章来鉴别书画作品。

但仅靠印章鉴别有一个漏洞：印章的寿命较长，主人去世后，如果印章还在，别人很有可能将它盖在伪作上。幸好，这种情况出现的可能性较小。

关于印章，也有太多的知识需要了解，诸如名属章、闲章、阳文、阴文、材料、篆法、印色等等。投资者必须通过阅读一些专门介绍这方面知识的书籍，或请教这方面的专家，才能提高自己的鉴别能力。

近现代的一些书画名家开始重视起签名，这大约是对西方艺术家的学习。对艺术家的签名风格，尤其是对其中精细的独到之笔加以辨别，也有助于投资者鉴别艺术品的真伪。

（二）材质

书画作品凭借一定的材质而存在，不同的材质，有其不同的特点。在不同的材质上书画，显现的效果截然不同。西洋的油画和中国的水墨画的截然不同便是最好的例证。

时代的风尚也影响到书画家对材质的选择。受绘画技法影响，中国早期的绘画多用绢，如南唐的宫廷画家顾闳中的名作《韩熙载夜宴图》即为绢本。宋代的书画家多用熟宣，取其光滑适意。这与宋代统治者歌舞升平，缺乏开拓创新的时代精神是分不开的。生宣是在元代受到书画家的青睐的。元代以后的文人画偏重皴擦，用纸便于表现。

材质对鉴定有一定的帮助。前代的材质，后人可用；但后代的材质，前人绝对不会用。弄清材质出现的年代，至少可以排除用后代材质伪造前代书画的那些赝品。

（三）题跋

题跋可分为三类，即作者的题跋、同时代人的题跋及后人的题跋。

题跋多是为了说明该件作品的创作过程、收藏关系或者考证它的真、赞扬它的美。有许多作品仗着题跋而增加了后人对它的信任。

字画作品既有伪作，题跋方面也同样存在着作伪的情况。题跋作伪的手段不外乎两类：一类是完全作假，其中又有照摹、拼凑、摹拟大意及凭空臆造四种方法；另一类是利用前人的书画用改款、添款或割款来作假。一般来说，这种作伪较少伪造小名家的作品，大多是伪造大家的作品。

（四）收藏印

收藏印对书画鉴定也有帮助。一些大名家的作品，被许多名人收藏过，这些人就会在藏品上盖上他们的收藏印，依据这些收藏印也可以鉴定作品的真伪。

但收藏印和艺术家的印章一样，也不甚可靠。一来一些收藏家未必就是艺术鉴定家，他收藏的作品未必就是真品；再者，著名收藏家的印章，也定然是做假者极力仿制的对象。

所以，投资者只能凭全面细致的分析，不能只凭收藏印真伪来判定作品之真伪。

（五）装裱

装裱是中国字画的一个特例，所以对装裱特点的分析研究，也可以找到一些鉴别真伪作品的依据。

中国各个时代的绫、锦等材料的花纹、色泽多不相同，装裱的式样也有出入。前人的收藏印多盖在裱件的接缝上。也有作伪者利用装裱来制造假冒伪劣字画，他们的做法是：保留原装裱，挖出书画本身，将伪本嵌裱入内。所以，收藏者也不能单凭装裱来判别真伪。

（六）其他方面

1. 购买名家字画最关键的是要购得真品，所以对真伪的鉴别便显得很重要。通过拍卖会购买，是可行的一条路，不过价格上可能要高许多。

2. 如果自己无法鉴定，不要购买辨别不了真伪的所谓名家作品。不能买黑市上的货。

3. 弄清自己所要购买的作品是不是国家级文物，受不受国家保护。

4. 名家作品的买卖流动性较差，所以购买的时候就要考虑到未来的出货。

5. 要注意风尚的转变。凡·高生前作品无人问津，死后作品价值连城，但别的画家也可能反其道而行。尤其是新派画家更要小心，今天的名家，可能是明天的无名小卒。

6. 投资理财名家字画要有长线投资理财的心理准备，最低限度 5~10 年为期。原因很简单，同一幅作品在很短时间里大幅度升值的可能性太小。

总之，在收藏品的大世界中，书画占据着重要的位置，书画收藏也一直受到投资爱好者的追捧和喜爱。然而书画收藏并不是什么人都能够实施的，中国的书画爱好者太多，会涂鸦的人不少。因此，想要收藏书画的投资理财者一定要掌握上述鉴别书画的方法。如果你不能掌握鉴别书画真伪的方法，胡乱地投资收藏，那么只能使自己遭受到巨大的损失。

掌握选择书画的标准

对于投资者来说，都存在购买艺术品时的选择问题。在浩如烟海的艺术品世界里，投资理财哪个档次的艺术品，如何进行选择，以什么样的标准或是依据来判定优劣真假，都是投资者在投资之前需要仔细琢磨和把握的。尤其是对书画而言，如果不能掌握科学正确的书画选择标准，盲目投资，就会使自己面临巨大的风险，遭受巨大的损失。

那么，女性朋友们在具体选择书画时应坚持哪些标准呢？具体说来，就是要把握四个标准："真""稀""精""全"。

1. "真"

书画作品的真伪是最主要的投资前提。谁都知道，由于代笔、临摹、仿制以及故意的伪造，使书画作品鱼目混珠，在艺术市场上花大价钱买回来假货，不但失去了赢利的机会，有可能连本也得赔进去。对艺术品进行投资，最起码的要求是货真价实，千万不能上假冒伪劣的当。这就是说，想对艺术品进行投资，必须具备一定的鉴定艺术品真伪的水平和技能，否则只有吃亏上当的份，造成巨大的经济损失。

关于艺术品的鉴定，投资者可以通过对一些专门书籍的阅读，加深自己的鉴别修养，提高自己的鉴别能力。

2. "稀"

"物以稀为贵"，在艺术品投资理财中更是如此。在艺术史上那些独树一帜的作品，更是艺术品投资理财中的极品。那些具有创新意义、首开先河的艺术品便有极高的投资理财价值。

一个名家创作了数以千计的作品，尽管他是名家，但因为数量多，其作品的价格可能要稍逊那些名气稍次、但作品数量少的艺术家。

3. "精"

一个艺术家，在他的艺术生涯中，有高峰期和低落期，有得意之作和庸俗之作。艺术家比较得意的作品，一般都是精品，但也不是绝对如此。

以"精"为标准选择所投资的艺术品，并不意味着名家的一般性作品就没有市场。对许多中小投资者来说，根本无力问鼎标价高的艺术精品，艺术名家的一般性作品就成了他们追逐的目标。

以"精"为标准选择投资品的原则是，在相同或相似的价位上，应尽量从其中挑选出最优秀的作品。这样，艺术品才具有较大的升值潜力。

4. "全"

对于单件艺术品而言，凡有破绽不够完美的地方，都称为"不全"。这类艺术品的收藏价值将因为"不全"而大受影响。投资艺术品，如八屏条和四屏条的字画缺少某个条幅，这种"不全"会影响其升值的潜力。所以投资者要避开"不全"这个误区。

购买书画要作好艺术家的选择

对于当代的投资者来说，可供选择或购买的古代字画作品的可能性越来越小，范围越来越狭窄。对于多数投资者而言，只能在现代、当代的艺术作品里选择投资对象。但现当代的艺术名家也非常多，艺术作品更是数不胜数。这似乎给投资者出了一道难题，选定哪些艺术家的哪些作品作为投资对象？

投资者投资于现当代艺术家的作品，选择的标准有两个：一是看价格是否能为自己接受；二是看是否有增值潜力。

具体到对艺术家的选定，不妨从以下几个方面来考虑。

（一）艺术领域的老前辈

这批艺术家主导中国美术发展史，在地位、艺术史及画风等方面均已被世人认可，作品具有较高的投资价值。但由于他们的身价已高，一张画投资额往往动辄十万元、百万元，占用较多的资金。投资者在资金需较快周转的情况下，应谨防为艺术家名气所累，避免选择这类艺术品作为投资对象。

（二）中老年艺术家

投资理财中老年艺术家不妨就其作品、价格、产量来评估。其中又以其作品是否已被普遍收藏为最重要，若只有寥寥几人收藏，则表明没有被社会所认可，最好不对其投资。由于这些艺术家大多有较大名气，其作品价格的高低成为投资理财考虑的一个重要因素，名气大、价格比较低的作品自然受投资者欢迎。

而就此类艺术家本身的产量而论，宜精不宜多，现在的艺术家越精工细琢，投资价值越大，今后越有大幅度升值的可能。

投资此类艺术家作品的好处在于艺术家已有较大声誉，但作品价格却不太高。

（三）未成名的年轻艺术家

投资理财未成名的年轻艺术家作品的好处是不必花费太多。但其作品是否有升值潜力，将有很大的不确定性。所以，投资于此类艺术家的作品要有一定的超前性和预见性，要充分预期到将来的艺术市场潮流与该艺术家的风格是否相合，要对年轻艺术家的实力有较充分的把握。

如果投资者眼光准，看准了"千里马"，投资此类艺术家无疑会获得巨大的投资回报。

（四）选定艺术家的其他考虑

1. 投资者选定艺术家不是最终目的，选择艺术品才是最终目的，所以不能单单以人论画、以人论字。

2. 艺术家的名气靠不住。有些人靠关系、人情卖艺术品，在世时作品价位很高，去世后则不名几文。

3. 没有一点名气的艺术家的作品也不可靠。作品长期不见进步或过分杀价才能卖出作品者，不是理想的投资对象，投资者要予以判断。

4. 既不要过分偏爱老艺术家的作品，也不要轻视年轻艺术家的作品。偏爱老艺术家而轻视新手无疑是投资者的一个误区。有些人年龄大了，但终生碌碌，艺术平平，并无多大造诣；相反，一些后起之秀，思想解放，观念新颖，对新生事物接受得快，其作品往往有较强的艺术生命力和极大的升值空间。

明确使收藏品增值的因素

对每一个投资者来说，投资收藏品最看重的就是收藏品的增值空间和上升价值。在投资收藏品的时候，只有明确了影响收藏品增值的因素，才能有的放矢，才能正确地进行投资，获得更好的收益和回报。

1. 发行量。一般来说，发行量越少，就越易增值，就越值钱，正所谓"物以稀为贵"。

2. 存世量。存世量与发行量有相似但也有不同之处，发行量少的存世量很少，但发行量大的存世量却不一定都大。由于时间长久或后期销毁、遗失、丢弃等原因，发行量虽大，却造成存世量较小，从而使藏品变得珍贵。

3. 需求量。需求量很大，造成供不应求局面的藏品，即使发行量很大或发行时间较短，也较易升值。

4. 炒作因素。市场炒作，会使藏品价值上涨较快。但如果是暴涨的话，就应当谨慎了，因为人为炒作痕迹过浓，就会严重背离价值规律，导致暴跌。

5. 题材。如果是热门题材的藏品，特别是较有政治意义或较有历史时代意义题材的藏品，很容易升值，如香港回归题材的收藏品。当然，其他题材很有特色的藏品也易升值。

6. 种类。如果此类藏品属于热门种类（如无齿小型张、风光邮资片等），或虽还未热起来但较有潜力，也大有增值的可能。

7. 时间因素。一般来说，历史越久的藏品就越值钱。虽在炒作空气较浓厚的今天，有些老藏品还不如新藏品增值快，但还有相当一部分藏品毕竟还是发行量和存世量较小，而且从一个侧面反映了那个时代的缩影。

8. 设计因素。设计美观、较有观赏价值的收藏品也易增值，因为早期做收藏的人大都是因藏品的精美而乐于收藏的。

9. "原始股"。炒收藏品亦如炒股那样炒原始的能够赚钱。因为藏品刚发行时，基本上是按面值买的，所以增值的空间很大。至于增值的快与慢、高与低，取决于多种因素，就看你的慧眼所选的"股"了。

正确认识收藏邮票的特点

目前，很多人比较喜欢集邮，除了出于喜欢的因素外，更大程度是看到了邮票的投资价值。

1907—1990 年间，投资邮票的平均年收益达 10%。邮票位列 20 世纪四大投资品之列，年投资收益高于债券的 9.6% 和外汇的 4.4%。2005 年以来，邮票投资指数显示，过去六年邮票价格累计上扬了 500%。邮票为什么会具有投资价值？

首先，邮票具有一次性印刷的特性，随着时间的推移，存世量、流通量不时减少。邮票发行有一个国家主权的意味，是十分严肃的政府行为，具有极强的权威性。邮票的发行量是邮政部门依据邮政通讯业务和社会需求来制定的，一般而言，纪念邮票、特种邮票是一次性印刷，限量发行的，发布后不可能再加印。邮票面世后被大量耗费于邮政通讯以及被集邮喜好者珍藏沉淀，随着时间的推移，邮票的存世量、流通量不时减少，邮票市场上便会呈现供不应求的情形，价钱杠杆作用推升邮票身价的提升。绝大多数邮票都是纸质的，极易腐朽、撕毁，加上战争、自然灾祸、政治动乱等要素，使那些原本就稀缺的宝贵邮票变得更为稀有，在市场上升值幅度更大。

其次，庞大的珍藏者队伍奠定了邮票增值的根底。邮票是世界上人们的第一大珍藏喜好，在兴旺国度，集邮者人数占总人口的 10%。集邮喜好者数以亿计，往常众多的参与者保证了邮票价钱的稳定攀升。我国的集邮喜好者队伍也非常庞大，集邮喜好者队伍不能以新邮预定数权衡，这里有很多缘由，比方有人十分喜欢集邮，但不订新票。但从集邮人口占总人口的比例看，我国邮票珍藏、投资队伍还有很大的增长空间，而这一人数的增加必然带动邮票价钱的不时上升。

再次，邮票的体积小巧便于携带，增加了对投资者的吸收力，并在客观上有助于全球化的邮票买卖市场的构成，全国最大的北京马甸、上海卢工邮市均已改造成功投入运用，网上买卖更是便当快捷。

在其他投资方式不太景气的情况下，投资邮票收藏也是一个不错的选择。正如前面所说，集邮往往达到怡情、增知、交友、储财增财之目的。

然而邮票投资也并非一本万利的事，它和其他投资项目一样，有优点也有缺点，而且同样存在着一定的风险。

（一）缺点

1. 投资理财邮票，对投资者的要求较高，投资者除了具备邮票的专业知识外，还得通过拍卖或可靠合适的渠道卖出兑现，操作存在一定难度。

2. 投资邮票不像储蓄有"经常性收益",想获得利益得依赖于邮票本身的升值。

3. 价格起伏波动大,不易把握。受人为炒作因素的影响,一些名票的价格波动大,投资风险也大。

(二)优点

1. 邮票便于收藏,便于携带,隐蔽性和保密性较好。

2. 在所有的收藏品中,集邮的普及性最大,易参与。

(三)投资邮票的注意事项

1. 投资者不要一味地追求珍稀品。因为珍稀品经众人的炒作后,潜藏着很大的风险性。

2. 投资者可以把集邮当做消遣娱乐的方式,尽量购进新发行的有特色的邮票。要有长线投资理财的心理准备,待价而沽,兴许会有意想不到的收获。

正确辨识和投资古钱币

近年来,随着收藏热的不断升温,报纸杂志及互联网上常有文章介绍古钱币投资的回报率如何高,各地钱币拍卖会也时常会传出珍稀古钱币拍卖价格屡创新高的消息,社会上的各路人马及各种游资也想参与到古钱币的收藏中来,这里面有行家里手,但是也有很多盲从跟风的人。

中华民族历史悠久、民族众多。中国货币发展历程长、演变大,各时代遗留下的钱币实物浩如烟海，其种类之多、形制之繁、数量之大、分布之广，在世界货币史上也是绝无仅有的。从商代的贝币，战国的刀、布币，秦代的方孔圆钱，到清末的机制币，数以万计千姿百态的古钱币构成了当今钱币收藏领域中最为庞大的收藏门类，吸引了无数收藏和研究者。千百年来，古钱币历经沧桑，存世数量越来越少，投资价值日益升高，近十年来，古钱币市场行情一路走高，特别是一些中高端古钱币十分抢手，至 2009 年，已经出现十分惊人的涨幅。十年以前，北宋钱币和清代钱币一枚一般只有几角钱，如今已增值数倍以上，且仍在不断上涨之中，这一现象引来广大集币爱好者和投资者的关注。

古钱币中的珍稀品种则升值幅度更为惊人。如在 2009 年 11 月中国嘉德秋季拍卖会钱币专场中，一枚极其罕见的清代咸丰通宝宝福局背字"大清壹百"以 196 万元人民币的高价成交，尤其是在 2010 年 5 月中国嘉德春拍古钱专场中，存世孤品——战国赵铸大型"武阳"背"一两"三孔布以 100 万元起拍，经过各位买家近 40 次激烈竞价，最终以 352.8 万元人民币的天价成交，创出古钱拍卖新纪录。战国时期赵铸币三孔布因其首部与两足各有一圆形穿孔，故名之为"三孔布"，三孔布是先秦货币中最为珍贵的品种，是现今钱币界公认的名珍之一。这枚"武阳"三孔布，通长 74 毫米，腰宽 35 毫米，重15.5 克，属于大型布币，系非常珍贵的传世之品。

收藏和投资古钱币，的确能升值赚钱，但前提是必须收集物有所值的古钱，但是 2 000 多年的历史变迁，朝代更替，以及外国钱的杂入，使得中国古钱异彩纷呈，让收藏投资者往往无所适从。

收购古钱不像瓷器字画一样，较容易看到精品所在。尽管现在民间散存有大量古钱，但普通者多，堪称藏品者少。用物以稀为贵的观点来看，能称上藏品的都是历史上发行数量少的钱币。随着时光的流逝，腐朽、散失、不可求者居多，所以，现在流传下来的精品就极少了。所以，我们对古钱币的收购一定要擦亮眼睛，正确辨识和投资古钱币。

投资收藏古钱币可以说是一个披沙拣金的过程。在这个过程中，我们一定要掌握一定的知识，明确投资古钱币的一些注意事项。

一、古钱小知识

对投资者而言，了解一些古钱的知识非常必要。有大部头专门介绍古钱知识的书籍，介绍得非常详细具体，投资者可以研读。这里，简单地列举一点有关古钱的知识。

1. 形状

春秋战国时铸造的是图形币，如铲形币、刀形币等。秦始皇统一六国后也统一了货币，改形状为圆形方孔钱，俗称"孔方兄"。圆形方孔的形状延续到清朝，才出现了圆形实钱，如清朝铸造的银币便是。

2. 材质

人们一般称古钱为铜钱，故铜质的古钱最多。早期是青铜，后来冶炼技术提高后，才出现了纯铜钱。铜受潮腐变后生满绿锈，所以，是否绿迹斑斑是鉴别古铜钱的一个标准，而那些光洁闪闪、艳亮如新者绝对不是真品。

古钱除铜质外，更多的是铁质，汉和北宋就铸造过大量的铁质钱，此外还有少量的金质、银质古钱。一般是改朝换代或特别重要的年份，才铸造金质钱。如王莽就铸造过金五铢，唐开元初年也铸造有少量的金质钱。银币在清朝才大量铸造。

3. 大小

古钱有大有小，小者直径为1厘米，大者直径多为3厘米，有少量直径达 4 厘米，但极少。一般说来，同一模板铸造的大小一致。

4. 价格

古钱的价格也体现在"物以稀为贵"上。罕见者为极品，衡量的标准也并非越早越好。如北宋，铸造了大量的铁质大观通宝，因为民间散失的较多，所以不值钱。再如开元通宝，唐朝开元年间经济发达，一连几十年铸造的都是开元通宝，所以普通型也毫无收藏价值。

二、投资古钱的注意事项

投资古钱币应注意以下几点：

1. 投资理财古钱币，收藏起来简单方便，轻便易带，买卖灵活。

2. 投资古钱币既有增值潜力，又有欣赏价值。投资理财古钱币的好处是它不但能赚钱，而且还可以增长知识，通过钱币可以感知历史。

3. 投资古钱币的回报率比较高。与投资理财书画、瓷器不同，古钱币是投资小、收益大。一枚有价值的古钱币，花几元甚至几十元就能买下，如果行情好，常能几十倍、上百倍地增值。

4. 极品古钱币民间难以购求，而钱币市场上又价格高昂，所以一般的投资者不要选这类钱币为投资对象。

5. 古钱币市场赝品充斥，所以，"去伪存真"就成为投资者必须掌握的一门学问。因此，要求投资者有比较高的文物知识素养，而途径只能是多学、多看、多研究有关的史料知识。

6. 古钱币投资理财无经常性收益。投资者在没有把握的前提下不要盲目收购，避免占用大量资金而不能及时兑现。

正确识别和投资古瓷器

"如果你不了解中国的瓷器，你就不了解中国。"一位西方汉学家的话虽然有点夸张，但至少表明了一点，中国瓷文化源远流长，制瓷业博大精深。所以，从某种程度也给投资收藏古瓷器的人提供了很大的空间和市场。

在中国传统收藏界，陶瓷、青铜、书画向来被视为三足鼎立的"三大项"。这三大项中，又以古瓷器人气最旺，在艺术市场上更是高价频出。2002年5月香港苏富比拍卖会上，雍正官窑粉彩蝠桃橄榄瓶以4150万港元创下清代瓷器拍卖世界纪录。

有人认为，古瓷收藏作为投资板块，已经做得很大，且一直"牛"势不减，价格冲高不下，社会上稍好的瓷器已被吸纳殆尽，现在"建仓"投资涉足古瓷收藏，似乎为时尚晚，难以获利。其实这种观点是一种短见。虽然市面上的大多古瓷精品已"沉底"于藏家手中，尤其是一些中高档古瓷，古玩摊贩市场上已难觅其踪。但由于古瓷历朝历代窑口众多，品种极为丰富，民间传世数量巨大，是其他任何藏品无法比拟的。从各地古玩店铺、地摊来看，尽管古瓷赝品充斥，但老瓷并不少见；各地文物商店储量仍然可观，一些"沉入"收藏家手里的古瓷，稍有"好利"，仍然会出手，藏家间互相调剂、交流、易主。一些有"前瞻"眼光的收藏爱好者，就可从目前市面上货源相对充足的清中晚期青花、单色釉及民国精品瓷入手，投资"建仓"。

瓷器和书画作品不一样，书画作品仅能满足人们的审美需要，而瓷器，除了其艺术价值能满足人们的审美需要外，它还有实用价值。一件精美的瓷器，有极大的增值潜力。只要收藏的是真正的名瓷，就能有效地规避风险获得可靠的收益。

有志于投资理财中国瓷器的投资者，首先应该深入了解一下中国瓷器的发展史，对各个时代的特色瓷器要做到心中有数。这样才可以保证不犯常识性的错误。

（一）陶和瓷的区别

人们爱把陶和瓷连在一块，称作陶瓷。但陶和瓷是有本质的区别的。

陶器一般是由易熔黏土烧制的，烧制温度较瓷器低，一般不超过1 000℃。陶器表面没有釉或只施有低温釉，胎质粗松，故有吸水性，敲击声不脆。

瓷器是由瓷土做胎，表面施高温玻璃质釉，经1 200℃以上的高温熔烧。胎质烧结，变得不吸水或吸水性很小，敲击时可发出金属般的清脆的声音。所以古人形容瓷器之美时，说它"薄如纸，明如镜，声如磬"。

（二）瓷器发展

1. 制瓷业始于商代。到了三国两晋南北朝时，瓷器工艺迅速发展，出现了青瓷、白瓷。白瓷的出现，为后来各种彩绘瓷器的发展打下了基础。

2. 唐代是制瓷业的兴盛期，代表是北方邢窑的白瓷与南方越窑的青瓷，称为"南青北白"。从唐开始，有了彩瓷。

3. 宋代的制瓷业空前繁荣起来，这个时期，全国形成了有代表性的瓷窑体系。影响最大的是被后世称为五大名窑的"汝、官、哥、钧、定"。磁州窑是北方最大的民窑体系。宋代瓷器品种繁多，创立了多种优美的造型，釉色运用工艺高超。

4. 元、明、清的制瓷业继续发展并走向高峰期。这几个朝代制瓷业的中心是江西景德镇。元代继承唐宋以来的成就，烧制成青花、釉里红等精品瓷器，此外，还成功地烧制出多种颜色釉，为明、清两朝瓷器的更大繁荣奠定了基础。明、清的主流是青花瓷，另外，明、清还发明了并盛行釉下青花与釉上彩相结合的斗彩。中国制瓷业的工艺水平在清朝前期达到了历史的最高峰。

（三）投资瓷器的注意事项

1. 瓷器是易碎品，投资者不可忽视瓷器的保存。

2. 投资古瓷器，投资者必须具备足够的专业知识。要多看货，多比较，多读一些指导性的专业方面的书籍，不要急于求成。要买，须注意有选择，买精品。

3. 要重视真伪鉴别。由于近几年兴起了收藏热，在经济利益的驱动下，造假者越来越多，而且造假者的工艺手段也越来越高，投资者如果不重视鉴别，很可能上当受骗。

4. 避开那些人为炒作的、价格昂贵的瓷器，投资于那些有收藏价值的特色瓷器。

5. 投资瓷器后，最好购买一份财产保险。否则一不小心损坏了，可能就此破产。

6. 投资者应该注意投资者的地区分布不均这种情况。现今的瓷器投资者主要集中在中国港台地区和日本，这虽然减少了大陆投资者的竞价压力，但也造成了投资以后较难脱手的问题。

具体来说，应该如何投资古瓷器呢？

1. 选择那些相对少、精、异形器

大凡收藏者和卖家都希望自己手头上拥有"人无我有"的器物。器物精美，历来都是受人追崇的，所以价值就会高。而异形瓷器，因工艺难度大、成本高，就算现在价高利低，但今后潜力会成倍增大。

2. 选择那些尚未被人们认识真实价值的古代名窑作品

有些古瓷，无论当时还是眼下，都可算作高质量精品，但由于人们因时代、民俗、社会传统等心理因素的影响，可能一时难以认识其真正价值，此时购藏，绝对是潜力巨大的"绩优股"。比如优质的宋代湖田窑影青器物、元枢府瓷器物，目前价格远低于其实际应有价格，一旦有机会遇见，大可断然入藏。除宋代五大名窑外，唐宋瓷器中的邢窑、越窑、耀州窑、磁州窑、吉州窑、建窑、洪州窑也颇具升值潜力。如吉州窑中的虎斑、兔毫盏前几年仅数百元，现在也就几千元一件，而其真正价值潜力远在此价位之上。

3. 选择近现代瓷器中的代表作

诸如晚清、民国新粉彩、浅绛彩中的一些有名头的作品、建国初期一些精品瓷器、雕塑等等，都将是很有升值潜力的。

4. 古瓷投资相对来讲是中长期的

当然，古瓷市场和其他市场一样有冷有热，有高有低。如何正确把握其中之"度"，是古瓷投资收藏者必须了解的。大凡买家，都懂得"养一养"、"捂一捂"的道理。如清代较好器物，不推到高位，开低价，买家是不会轻易易主的，一般都会等一段时间，市场见好，即果断抛出。好东西不怕"放一下"，不怕没买家和卖家。如一位藏家3年前以每个200元低价购进了10余件明晚期普通青花小罐，现在以每个800元抛出，获利颇丰。除了打时间差，打"地区差"也是一种有效的投资手段。比如，南北方由于审美观念不同、艺术品存量不同、生活指数、购买力和消费水平不同，都有可能造成同一器物价格的地区差。按一般常规，瓷器窑口产地瓷价格相对低些，比如江西景德镇的宋代影青普通碗盘（不是湖田窑），每件就百十元左右，而北方则数百元，品相稍好的可达千余元；而北方的磁州窑普通小罐价格较低，到南方藏家手中就价值不菲了。又比如，江浙一带藏家看好浅绛彩瓷，即便是中小名头的作品亦卖价甚高，有人便到甘肃、云贵、四川等地淘货，拿到南方销售，扣除旅差费用，赢利仍十分可观。

此外，作为一名成熟的古瓷收藏投资者，目光不能局限于古玩地摊，还要有在文物商店、拍卖会"捡漏"的智慧和勇气。这类地方，器物相对流传有序，保真系数较高，一旦看准，果断入藏，日后将会得到较高的收益。